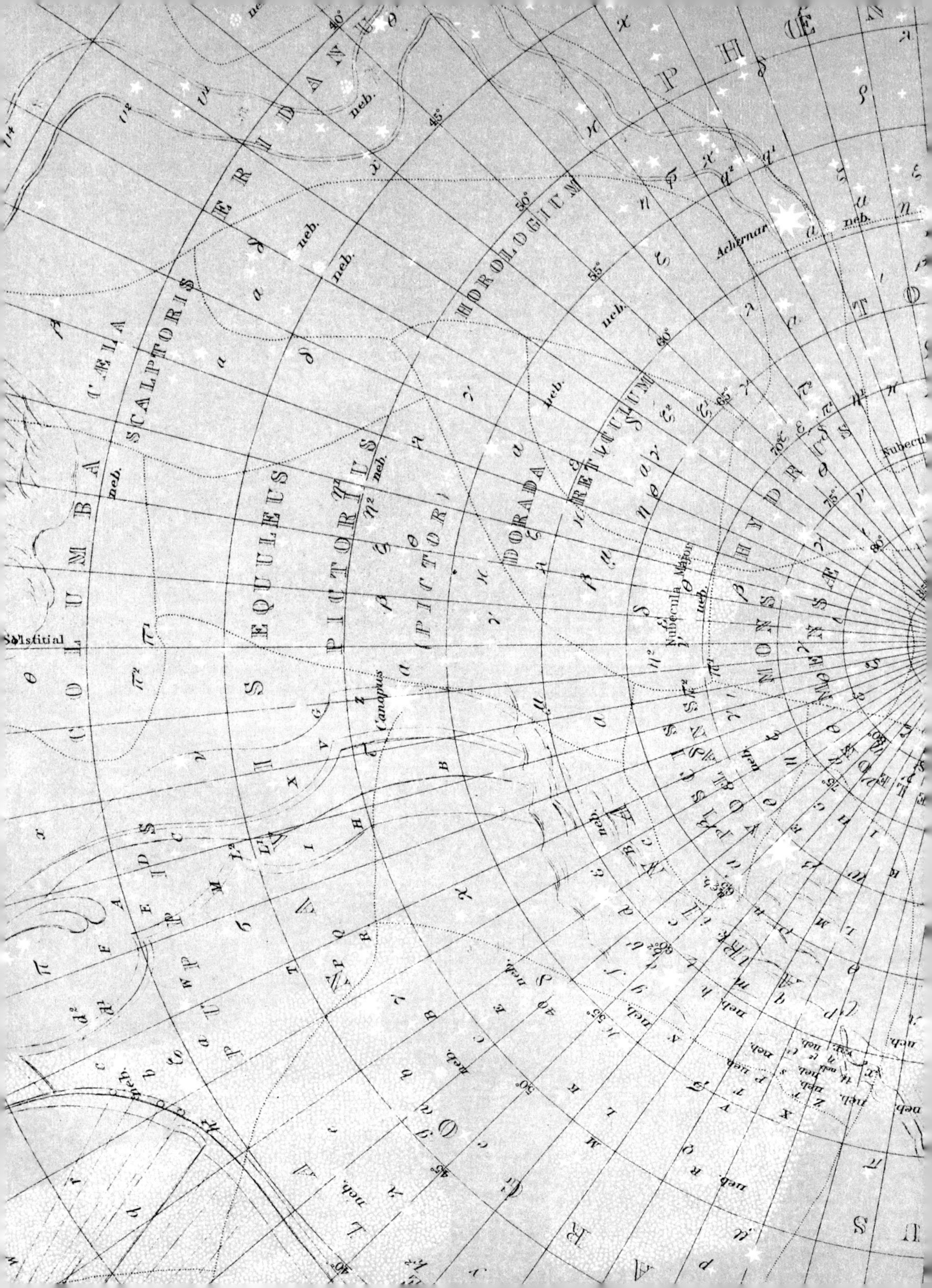
COLUMBA
CÆLA SCALPTORIS
ERIDANUS
HOROLOGIUM
EQUULEUS PICTORIS
DORADA
RETICULUM
HYDRUS
MONS MENSÆ
Achernar
Canopus
Nubecula Major
Solstitial

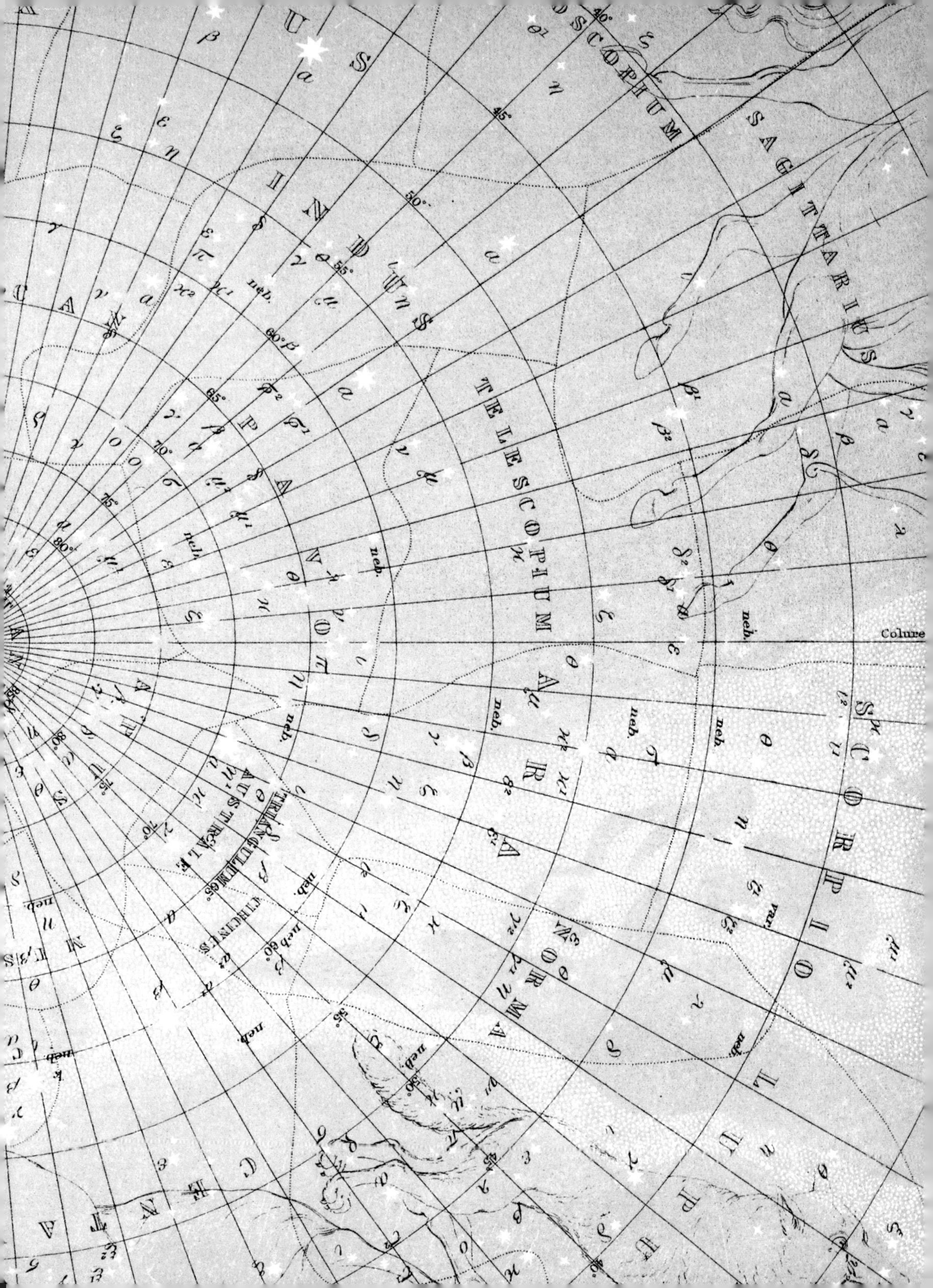
SAGITTARIUS
TELESCOPIUM
INDUS
PAVO
ARA
NORMA
SCORPIO
TRIANGULUM AUSTRALE
Colure

Come leggere

STEPHEN HAWKING

DAL BIG BANG AI BUCHI NERI

Come leggere

STEPHEN HAWKING

DAL BIG BANG AI BUCHI NERI

VITA RICERCHE IDEE

A cura di Stephen Hawking

Realizzato da Gene Stone

Traduzione di
Tullio Dobner

Rizzoli

ISBN 88-17-84210-9

Titolo originale:
Stephen Hawking's "A Brief History of Time": a Reader's Companion

Prima edizione: settembre 1992

La carta celeste del cielo riprodotta nei risguardi è tratta da Thomas Heath, *The Twentieth Century Atlas of Popular Astronomy*, W. & A.K. Johnston, Ltd., Edinburgh, 1922[3], cortesemente fornito da Isobel Hawking.

Chi è nato per primo, l'uovo o la gallina?
L'universo ha avuto un inizio?
E in tal caso che cosa c'era prima?
Da dove è venuto l'universo
e dove sta andando?

STEPHEN HAWKING

PREFAZIONE

Nello scrivere *Dal Big Bang ai buchi neri* mi riproponevo principalmente di parlare dei progressi che si stavano facendo nella comprensione delle leggi che governano l'universo. Spiegando le idee fondamentali in maniera semplice, confidavo di condividere con altri le emozioni e il senso di meraviglia che avevo provato io. Ciò significava evitare le equazioni. Mi era stato detto che ogni equazione avrebbe dimezzato le vendite, ma non avevo particolari obiezioni, perché le equazioni sono necessarie se si vogliono trovare risultati quantificabili che sono l'aspetto noioso della matematica, mentre le idee interessanti si possono trasmettere con le parole o con le immagini.

Mi auguravo naturalmente che il libro avesse successo e che mi portasse anche un po' di denaro. All'epoca in cui cominciavo a scriverlo, nel 1982, pensavo alla retta scolastica di mia figlia, ma mai mi sarei aspettato che fosse accolto così bene. Da quando fu pubblicato il giorno del pesce d'aprile 1988 è stato tradotto in trenta lingue e ha venduto in tutto il mondo qualcosa come cinque milioni e mezzo di copie, il che equivale a circa una copia ogni seicento abitanti del pianeta, fra uomini, donne e bambini. Come mai tutta questa gente ha pensato di acquistarlo? Si è tentato in vario modo di darne una spiegazione. Si è detto che la gente comperava il libro ma poi non lo leggeva, meno che mai lo capiva. Si è detto che desiderava solo farsi vedere con un libro, o che dal possederlo ricavasse la confortante sensazione di essere in possesso delle nozioni che vi sono contenute, senza dover fare la fatica di leggerlo.

Io probabilmente non sono un giudice obiettivo, ma non credo che questa sia tutta la verità. Dovunque vada, in tutto il mondo, ci sono persone che mi esprimono il piacere e la soddisfazione che hanno provato nel leggere il mio libro. E parlo di persone comuni, non di gente attenta alle mode o di fanatici del pensiero scientifico. L'impressione è che per la maggior parte l'abbiano letto e in certi casi riletto. Forse non hanno capito tutto quello che hanno letto: se così fosse, sarebbero pronti per un corso universitario di fisica teorica. Io spero però che ne abbiano ricavato la sensazione di non essere esclusi dagli interrogativi veramente grandi e di poter giungere a capire di più mettendoci buona volontà e impegno. Noto una certa sufficienza nell'atteggiamento di alcuni critici nei confronti del grande pubblico, quando credono di essere persone molto intelligenti e sono convinti che, se non riescono a capire loro il mio libro fino in fondo, i comuni mortali non hanno la minima speranza.

Anche se cinque milioni e mezzo di copie rappresentano un grande successo per un libro, esse corrispondono comunque a una piccola parte della popolazione mondiale. L'unico modo per raggiungere un pubblico più vasto è tramite i film e la televisione e per questo motivo ho risposto subito con interesse a Gordon Freedman quando, sei mesi dopo la prima edizione del libro, mi propose di fare un film. Io avevo in mente una sorta di documentario che avesse la scienza come tema quasi esclusivo, con il supporto di un gran numero di diagrammi e disegni, ma, quando si cominciò a girare, ebbi l'impressione che molto si raccontasse della mia vita e pochissimo di scienza. Protestai. Mi fu risposto che il tipo di film che avevo in mente io avrebbe attirato l'interesse di un pubblico assai poco numeroso e che se desideravo raggiungere un pubblico di massa era necessario bilanciare le considerazioni scientifiche con qualche materiale biografico. Io restai poco convinto. Ritenevo che potesse essere uno stratagemma per realizzare quel film biografico che avevo già rifiutato in precedenza. In seguito, avendo meglio conosciuto il regista Errol Morris, mi resi conto di avere a che fare con un uomo di assoluta integrità, un caso abbastanza raro nel mondo del cinema. Se c'era qualcuno che poteva fare un film per il grande pubblico senza che si perdesse di vista lo scopo del libro, era lui.

Questo libro è per coloro che vogliono saperne di più, dopo aver letto *Dal Big Bang ai buchi neri* o visto il film. Contiene molto del materiale che non si è potuto utilizzare per il film, insieme con fotografie tratte dalla pellicola cinematografica e con le spiegazioni dei concetti scientifici presentati. È il libro del film del libro. Non so se hanno in cantiere un film del libro del film del libro.

STEPHEN HAWKING
Cambridge, gennaio 1992

PARTE PRIMA

Nel gennaio 1942, quando Frank e Isobel Hawking aspettavano il loro primo figlio, stormi di aerei nazisti sganciavano una pioggia di bombe sulle città inglesi. Le incursioni che si ripetevano quasi ogni notte su Londra obbligarono i coniugi Hawking ad abbandonare la loro abitazione di Highgate per rifugiarsi a Oxford, dove avrebbero atteso la nascita del figlio in circostanze meno pericolose.

Rientrarono a Londra dopo la venuta al mondo di Stephen e vi restarono fino al 1950, quando si trasferirono nella città, sede vescovile, di St. Albans, trenta chilometri a nord di Londra, dove crebbero Stephen, Mary (nata nel 1943), Philippa (1946) ed Edward (1955).

Isobel è la madre di Stephen Hawking. Oggi ultrasettantenne, aveva sei fratelli e suo marito Frank quattro: all'ultima riunione familiare degli Hawking erano in ottantatré. Frank Hawking, scomparso nel 1986, era medico e biologo ricercatore in malattie

ISOBEL HAWKING

Fortuna. Fortuna. Sì, abbiamo avuto molta fortuna. Parlo della mia famiglia e di Stephen e tutti quanti. Ciascuno ha le sue tragedie, ma resta il fatto che noi ne siamo usciti vivi. I momenti brutti ci sono per tutti, ma succede che qualcuno scompaia e non si riveda mai più.

Le bombe volanti fanno una gran paura. Si sentiva il fischio quando passavano, poi più niente, allora cominciavi a contare, impiegavano... non ricordo più quanto tempo prima di cadere. Ma quando si sentiva il botto, si sapeva di averla scampata e si tornava a fare quel che si stava facendo.

tropicali per il National Institute of Health. Negli anni Trenta Isobel ha studiato filosofia, scienze politiche ed economiche a Oxford.

Ma ce ne fu una che cadde molto vicino a casa nostra. Fece scoppiare i vetri delle finestre sul retro e tutti i cocci andarono a piantarsi come pugnali nella parete opposta. Così decidemmo che sarebbe stato meglio per Stephen nascere a Oxford e una settimana prima io mi ci trasferii. Prima alloggiammo in un albergo, ma mi dissero che non potevo restarci, che avrei potuto partorire da un momento all'altro, così andai all'ospedale. Mentre mi trovavo lì, mi occupavo di questo e quello e avevo un buono per l'acquisto di un libro, così andai da Blackwell a Oxford e comperai un atlante astronomico. Una delle mie cognate ha detto: «È stato un gesto profetico da parte tua».

Stephen Hawking

Sono nato l'8 gennaio 1942, esattamente trecento anni dopo la morte di Galileo. Ho calcolato tuttavia che quello stesso giorno sono nati altri duecentomila bambini circa. Non so se qualcuno fra loro ha manifestato in seguito un interesse per l'astronomia.

Sono nato a Oxford, anche se i miei vivevano a Londra, perché Oxford era un buon posto dove nascere durante la guerra: i tedeschi avevano un accordo con gli inglesi, non avrebbero bombardato Oxford e Cambridge se noi non avessimo bombardato Heidelberg e Göttingen. È un peccato che un'intesa così illuminata non si sia potuta estendere ad altre zone.

Mio padre era dello Yorkshire. I suoi genitori

avevano subito un tracollo economico all'inizio di questo secolo ma erano riusciti a mandarlo a Oxford, dove aveva studiato medicina. In seguito si era dedicato alla ricerca nel campo delle malattie tropicali. Mia madre era nata a Glasgow, in Scozia, da genitori non molto più ricchi di quelli di mio padre, ma che comunque erano riusciti a farla studiare a Oxford.

Dopo gli studi e diversi impieghi, fra i quali quello — poco gradito — di ispettore fiscale, si trovò un posto come segretaria ed è così che nei primi anni di guerra conobbe mio padre.

Come bambino io ero abbastanza normale, lento nell'imparare a leggere e molto curioso di sapere come funzionavano meccanismi e congegni. Il mio rendimento scolastico non è mai stato più che mediocre (ma era una classe di ragazzi molto brillanti). Avevo dodici anni quando, in una disputa sulle mie possibilità di affermazione in futuro, due miei amici misero in palio un sacchetto di caramelle. Non so se la scommessa sia mai stata pagata e se si decise che avevo avuto successo o no.

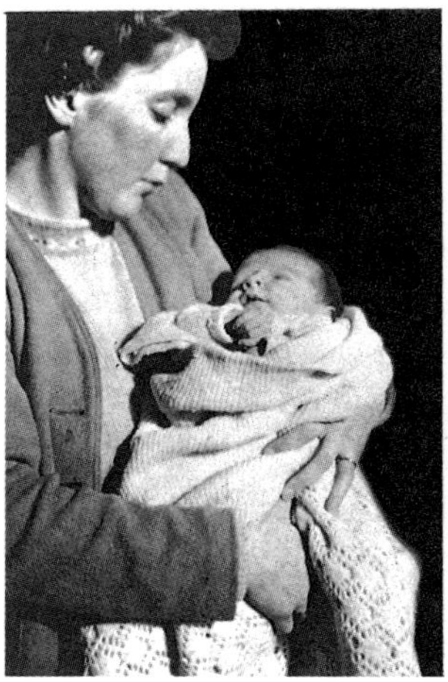

Isobel Hawking con Stephen nel 1942.

Frank Hawking con Stephen nel 1942.

Janet Humphrey

Il mio primo ricordo è di Isobel che percorre North Road spingendo una ingombrante carrozzina con dentro Stephen e Mary, e i due bambini sembravano più grandi del normale, perché avevano la testa grande e le guance rosee. Sembravano completamente diversi dalla gente comune.

Janet Humphrey ha studiato medicina, si è specializzata in psichiatria ed esercita attualmente come analista freudiana. Suo marito John lavorava nello stesso istituto del padre di Stephen Hawking. Gli Humphrey conobbero gli Hawking quando Simon Humphrey e Stephen Hawking furono iscritti alla stessa scuola elementare di Highgate. I due bambini diventarono molto amici. Nel 1959, quando il resto della famiglia Hawking andò a vivere in India, Stephen fu ospite della famiglia Humphrey e proseguì gli studi alla St. Albans School.

Isobel Hawking

Stephen era sicuramente un bambino precoce per certi versi, ma non tutti. Non imparò a leggere molto presto, mentre per esempio le sue sorelle furono molto più veloci di lui. Però era molto loquace e sempre pronto alla conversazione; era anche dotato di una notevole immaginazione ed è un aspetto di lui che emergeva molto di più di quello matematico. Amava la musica e il teatro. Uno dei ricordi che conserva più vivamente è quando fu accompagnato a quella che deve essere stata la prima rappresentazione di *Facciamo un'opera* di Benjamin Britten. Ma Stephen non ha mai coltivato la sua passione per la musica perché secondo me era un po' pigro e c'erano comunque molte altre cose che gli piaceva fare.

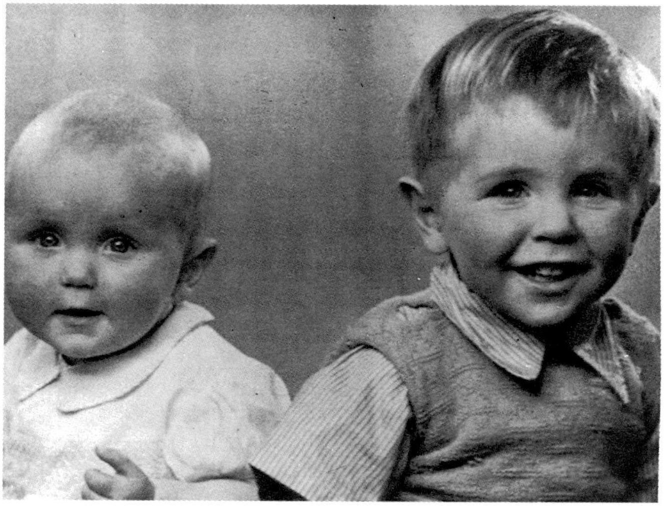

Stephen e la sorellina Mary nel 1946. «Avevano la testa grande e le guance rosee.»

Stephen a tre anni il giorno della vittoria contro i giapponesi nell'agosto 1945, con la zia Muriel, sorella di Frank Hawking.

Erano fondamentalmente bambini come tutti gli altri e noi prendevamo assai più in considerazione la genialità di mio marito che non quella di Stephen, il quale è stato in ogni caso un autodidatta fin dal principio, e se c'era qualcosa che non aveva voglia di imparare era probabilmente perché non ne aveva bisogno. Era come la carta assorbente, assorbiva tutto. Accompagnavamo spesso lui e le sue sorelle ai musei di South Kensington. Lo lasciavo al museo della scienza, lasciavo Mary a quello di storia naturale e andavo al Victoria and Albert con Philippa, che già in età precoce manifestava un talento estetico. Restavo con lei perché era molto piccola e più tardi ripercorrevo la strada a

Stephen e Mary giocano sulla spiaggia nel 1946.

ritroso per recuperare gli altri due. Nessuno si sarebbe mai sognato di andare a visitare il museo di un fratello o di una sorella: erano completamente diversi fra loro.

Stephen non ha mai subito il fascino del lavoro di suo padre, non ha mai avuto interesse per la biologia, non ha mai desiderato animali domestici. Fin dal principio costruiva, pensava e parlava in continuazione.

Mary Hawking, di diciotto mesi più giovane del fratello Stephen, ha studiato medicina al St. Barts di Londra ed esercita ora come medico generico a Dunstable.

Mary Hawking

Stephen calcolava di conoscere, mi pare, undici modi per entrare in casa. Io ne avevo scovati dieci e ancora non so quale fosse l'undicesimo. Sul lato nord della casa c'era il ripostiglio delle biciclette. Aveva una porta davanti e una sul retro. Sopra c'era una finestra che dava sul locale a forma di L. E salendo dal davanti c'era modo di svoltare l'angolo sul tetto e da quel livello raggiungere il tetto principale. Credo che uno dei sistemi di Stephen per entrare in casa fosse dal tetto principale. Come ho detto, era molto più agile di me ad arrampicarsi. Non sappiamo bene quali fossero gli altri itinerari. Non penso che passassero per la veranda, che era già molto mal ridotta allora, con pezzi di vetro dappertutto. Dietro la veranda c'era la serra, che stava andando praticamente in rovina. A ogni soffio di vento, perdevamo qualche vetro.

Edward Hawking è di quasi quattordici anni più giovane del fratello Stephen. Dirige una piccola impresa edile a Luton, una cinquantina di chilometri a nord di Londra.

Edward Hawking

La cosa che colpiva subito della casa era lo steccato. Più di una volta avevo cercato di convincere mio padre ad abbatterlo e far crescere una siepe, ma lui si incaponiva a voler riparare lo steccato e, piuttosto che spenderci, s'arrabattava con pezzi di legno ripescati alla rinfusa, che inchiodava dove si era aperto qualche varco.

Quando ricevevo qualche amico ero sempre imbarazzato. La porta d'ingresso era stata molto elegante, con vetri colorati, ma via via che qualche vetro si rompeva, invece di sostituirlo, mio padre tappava il buco con stucco da carrozzeria o da finestre. La tappezzeria, con tutta la

Casa Hawking a St. Albans.

La porta d'ingresso di casa Hawking.

sua maestosità, era per me un altro motivo di imbarazzo: Dio solo sapeva da quanti secoli rivestiva quei muri.

Era una casa molto grande e buia e l'atmosfera era un po' inquietante, un po' da incubo. Io avevo una di quelle stanze dove, svegliandosi nelle mattine d'inverno, c'era uno strato di brina così all'interno dei vetri. C'era un unico calorifero che non funzionava bene e fu sostituito con una stufa in corridoio. C'erano caminetti in tutte le camere, ma naturalmente, siccome non era molto conveniente accendere un fuoco in ogni stanza, se ne accendeva uno solo da basso.

Nell'insieme la casa era forse un po' tetra, ma, sapete, era casa nostra e le volevamo bene comunque.

La casa di cui Stephen fantasticava a «Drane»: Kenwood House ad Hampstead Heath.

ISOBEL HAWKING

A Natale si andava a vedere una pantomima. Una volta assistemmo a una rappresentazione di *Aladino* e a un certo punto il palazzo di Aladino veniva sollevato magicamente nell'aria e volava via.

Quando uscimmo dal teatro fu un problema tornare a casa, perché Stephen doveva andare a cercare il palazzo. Sapeva che tutto ciò che sale deve ridiscendere e da qualche parte a Hampstead doveva esserci quel palazzo. Non so quanto tempo impiegammo a convincerlo che non era così.

Stephen aveva anche una casa immaginaria che mi diceva trovarsi in un posto chiamato Drane. Aveva la tendenza a cercare di saltare sugli autobus per andarci e noi dovevamo stare sempre all'erta.

Un giorno ci recammo a Kenwood House, ad Hampstead Heath, e Stephen si rese conto all'improvviso che quella era la sua casa di Drane. Me lo confidò sottovoce: a quanto pare l'aveva sognata o qualcosa del genere!

JANET HUMPHREY

Stephen era molto affascinante, molto vivace ed emotivo e non riusciva a star dietro ai suoi pensieri con le parole, così qualche volta si metteva quasi a balbettare. Aveva la stessa età di mio figlio Simon, ma era più basso. Ricordo un giorno in cui tornavano a casa da scuola in North Road e alcuni altri ragazzi cominciarono a canzonarli e fu Stephen a girarsi a minacciarli stringendo i pugni, nonostante la statura. Ma era proprio il suo modo di fare, non si sentiva inferiore a niente e nessuno.

ISOBEL HAWKING

Alla fine del primo anno alla St. Albans School risultò, mi pare, terz'ultimo della sua classe. Gli dissi: «Stephen, devi proprio essere così scarso?». E lui rispose: «Un mucchio di altra gente non ha fatto molto meglio di così!». Non era per niente preoccupato.

Non andava molto bene a scuola, eppure tutti gli riconoscevano un'intelligenza notevole. Ci fu anche un anno in cui vinse il premio attribuito al migliore del corso di religione e non fa meraviglia, dato che suo padre gli leggeva passi della Bibbia fin da quando era ancora molto piccolo. Conosceva molto bene il Vecchio Testamento. Era molto versato per la religione, anche se non credo che oggigiorno se ne occupi più di tanto.

MARY HAWKING

Papà si occupava di medicina tropicale. Svolgeva ricerche sul campo, di solito all'inizio dell'anno, quando la stagione in Africa è più propizia. Così io avevo sempre l'impressione che i padri fossero come gli uccelli migratori, erano a casa per Natale e poi scomparivano finché non faceva di nuovo caldo. Il fatto che i papà di tutti gli amici fossero presenti anche durante l'inverno mi convinse che ero fra le poche figlie ad avere un padre normale. Tornava sempre con oggetti fantastici, animali di legno, aculei di porcospino, papaie e altre specialità esotiche.

ISOBEL HAWKING

Mio marito aveva una notevole quantità di interessi, fra i quali anche la medicina, ma per la verità non era certo l'aspetto clinico quello che lo affascinava di più e mai avrebbe potuto esercitare come medico. A lui interessava la ricerca e avrebbe potuto essere ricerca in praticamente qualsiasi branca del sapere.

È più o meno solo un caso che si sia trattato di medicina e furono le circostanze particolari della sua vita a guidarlo alla medicina tropicale. È stato anche fortunato, perché nel 1937 ottenne una borsa di studio grazie alla quale poté trascorrere due anni in Africa a svolgere ricerche sulla tripanosomiasi.

Per gran parte del tempo la nostra era una famiglia con un solo genitore, perché mio marito continuò a recarsi in Africa per circa tre mesi ogni inverno, cosicché lui e Stephen non avevano molte occasioni per frequentarsi. Fu lui però a stimolare in Stephen l'interesse per l'astronomia. Ricordo che si stava tutti quanti sul prato a guardare le meraviglie del firmamento attraverso le lenti del telescopio. La meraviglia di Stephen era grande e mi accorgevo di quanto le stelle lo attraessero... verso luoghi anche più lontani.

John McClenahan conobbe Stephen Hawking alla St. Albans School all'età di dieci anni. Si persero di vista quando andarono a

John McClenahan

Conosco Stephen da quando avevamo dieci o undici anni. Uno dei ricordi più antichi che ho della famiglia e di casa loro è la musica di Wagner che si diffondeva in quel vasto soggiorno. Avevano una vera passione per Wagner. Per il resto, della sua famiglia ricordo soprattutto quanto erano bizzarri e in retrospettiva lo erano forse anche più di quanto sembrassero a me.

Sempre in retrospettiva, è probabilmente solo di poco meno sorprendente che Stephen abbia dimo-

studiare in università diverse, ma riallacciarono i loro rapporti di amicizia a Cambridge. Dopo aver conseguito un dottorato in ingegneria, è attualmente direttore al King's Fund College di Londra.

strato in seguito di avere la grande mente che evidentemente ha. Non si può dire che nei primi anni di scuola se ne vedessero molti segni. Mancava di coordinazione fisica, e suppongo che sia sempre stato così. Non era sempre bravo secondo il consueto criterio didattico, e da un punto di vista scolastico il suo rendimento non era sicuramente eccezionale.

Mary Hawking

Tenevamo delle api in cantina e un giorno qualcosa non funzionò nel processo naturale con cui le api regine di troppo vengono eliminate; così continuarono a produrre regine finché ci ritrovammo con sei o sette sciami, e la mamma aveva il suo bel da fare a trovare posto a tutte quelle api. Alla fine, in mancanza di arnie, ne sistemò un po' in un andito che c'era fuori della cantina, ma proprio quella notte i pensionanti che alloggiavano da noi rimasero chiusi fuori e tentarono di entrare in casa passando da quella parte. Fortuna che le api erano addormentate perché era buio.

Basil King

Stephen è l'unica persona di mia conoscenza a cui, ai tempi della scuola, fu assegnato un libro con modelli di calligrafia perché la sua faceva spavento. Era un libro con frasi stampate

Basil King, compagno di scuola e amico di Stephen Hawking a St. Albans, è ora pediatra specializzato in medicina tropicale; lavora in Kenya per un'organizzazione internazionale di assistenza.

in un corsivo perfetto, che andavano ricopiate sulle cinque o sei righe sotto a ciascun modello. Non so per quanto tempo si sia dedicato a quegli esercizi, ma il fatto sta a dimostrare che la sua scrittura era considerata disastrosa.

Sono stato a casa Hawking più di una volta. Se ti invitavano a restare per cena, capitava che ti fosse permesso di chiacchierare con Stephen, ma il resto della famiglia si sedeva a tavola con un libro da leggere, un comportamento che non era ben visto nel mio ambiente, ma che era tollerato nel caso degli Hawking, perché tutti li consideravano persone molto eccentriche, molto intelligenti e molto colte… ma soprattutto un po' strambe.

Ho un ricordo molto chiaro di Frank Hawking, il padre di Stephen, vestito di tutto punto, in giacca e cravatta e con tanto di vestaglia sull'abito, seduto davanti a una stufa spenta a cercare un po' di tepore. Frank Hawking era affetto da una balbuzie sconcertante. Fra di noi si pensava che gli Hawking fossero così intelligenti da non riuscire a star dietro con le parole ai propri pensieri; per questo balbettavano, per questo s'impappinavano, per questo la loro lingua incespicava in quel modo goffo di parlare. Credo che sia una caratteristica riscontrabile in altri membri della famiglia. E qualcosa si intravedeva anche in Stephen, all'epoca.

JOHN MCCLENAHAN

La casa era piena zeppa di libri e librerie. Su molti dei ripiani c'erano libri su due file, libri infilati di piatto sopra quelli disposti verticalmente.

Il padre di Stephen era almeno per me un personaggio un po' lontano. Credo che fosse molto timido. Era impacciato con i bambini, anche con i suoi. Sembrava vivere in una dimensione vagamente diversa, molto assorto nel lavoro, preoccupato di badare a una casa grande e dispersiva, e tentava di crescere una prole abbastanza numerosa con un reddito che per quei tempi non credo fosse molto alto.

La madre di Stephen era più espansiva, ma probabilmente anche lei un po' timida. La mia impressione è che fosse soprattutto lei a occuparsi della casa e dei figli, dato che il padre era spesso via per periodi abbastanza lunghi.

Mi sentivo sempre ben accetto a casa loro. Ho perso il conto delle volte che abbiamo cenato insieme io e lui, o a casa sua o dai miei. Era una di quelle cose che avvenivano sul momento, non avevamo bisogno di un invito, si tornava a casa da scuola e accadeva che ci lasciassimo prendere da qualche discussione fino a decidere che non era il caso di rincasare.

Per me era un'esperienza interessante anche perché la madre di Stephen era molto più avventurosa della mia, come cuoca, così ricordo bene di aver assaggiato da loro per la prima volta piatti particolari come il *kedgeree*,* una specialità ora non più troppo rara, ma di cui a quei tempi io non avevo mai sentito nemmeno parlare.

* È un piatto della cucina indiana a base di riso, pesce e uova sode. [*N.d.R.*].

Isobel Hawking

C'eravamo procurati un carrozzone che tenevamo in un campo di Osmington Mills. Era molto bello, anche se quando l'avevamo comperato avevamo pensato che non saremmo mai riusciti a servircene perché era infestato. Il fatto è che aveva un doppio rivestimento con un'intercapedine e lì dentro si erano annidati gli insetti. Comunque lo facemmo disinfestare con il fumo e dopo di allora non ci furono più problemi di insetti.

Così lo piazzammo in quel campo. Avevamo anche un'enorme tenda militare e per alcuni anni trascorremmo laggiù quasi l'intero periodo delle nostre vacanze. I ragazzi si divertivano un mondo, anche perché da lì si raggiungeva una spiaggia fra gli scogli scendendo per non più di un centinaio di metri.

Eravamo così patiti della natura che portammo i bambini laggiù approfittando della festa per l'incoronazione della regina nel 1953. Credo che se la siano legata al dito e non se lo siano più scordati, perché avevamo negato loro l'esperienza di quel grande avvenimento nazionale che tutti celebravano con feste per le strade, situazioni nelle quali noi non ci trovavamo mai molto a nostro agio. Mary ricorda che stava ascoltando la radiocronaca dell'incoronazione quando mio marito annunciò: «Su, è ora di scendere in spiaggia».

Così i ragazzi furono praticamente costretti a quel tipo di vacanza, forse più di quanto avrebbero desiderato.

Andavamo al carrozzone con un taxi, uno dei tanti taxi londinesi che comperammo uno dopo l'altro per gli spostamenti della famiglia, in tempi in cui le automobili non erano disponibili. I taxi si comperavano di seconda mano, poi si installava un tavolino al centro, si facevano sedere due bambini da una parte e due dall'altra e lì si mettevano a giocare a carte. Avevano di che divertirsi e distrarsi durante il viaggio.

Stephen, Mary e Philippa davanti al carrozzone, nell'agosto 1952.

John McClenahan

Si fecero varie spedizioni con la macchina che avevano a quei tempi gli Hawking, un vecchio taxi londinese, un taxi molto vecchio, devo aggiungere, di appena dopo la guerra. Ricordo una volta che si filava per le campagne verso Maiden Castle, con la madre di Stephen alla guida e tre o quattro di noi ragazzi, fra cui io, seduti dietro a guardare fuori dall'abitacolo aperto. Il sedile davanti non aveva copertura e la parte posteriore era decapottabile, così eravamo tutti con i capelli al vento, lanciati a qualcosa come sessanta, settanta chilometri l'ora, la massima velocità raggiungibile da quel trabiccolo, probabilmente.

Per me era tipico di una famiglia come quella. Noi non avevamo l'automobile, come la maggior parte delle famiglie in Inghilterra a quell'epoca, perché era un lusso da ricchi, che richiedeva un tenore di vita di un certo livello. E avere per mezzo di trasporto un vecchio taxi londinese mezzo sconquassato era ancora più stravagante.

Mary Hawking

Conservo un'immagine precisa di Stephen tutto assorto in qualche libro, con una scatola di biscotti a portata di mano. Attirare la sua attenzione era impossibile. Era totalmente immerso nel libro e i biscotti se ne svanivano come per... Be', io credo che restasse sbalordito quando riemergeva dal libro e scopriva che i biscotti erano finiti!

ISOBEL HAWKING

Fin da piccolo, se una cosa gli interessava, ci si concentrava al cento per cento. Me lo ricordo seduto su una macchina agricola a casa di qualche parente, probabilmente un trattore, tutto intento a esaminarlo, mentre gli altri bambini gli si arrampicavano sopra, gli camminavano praticamente sulla testa, senza che lui nemmeno se ne accorgesse.

Michael Church conobbe Stephen Hawking alla St. Albans School nel 1957. I due si persero di vista quando Church andò a studiare lettere a Oxford, ma la loro amicizia riprese più tardi. Non molto tempo fa Church ha lasciato il suo lavoro di corrispondente per The Independent *di Londra, per continuare come giornalista free-lance.*

MICHAEL CHURCH

L'ho conosciuto quando eravamo in terza. Era uno di quelli bravi, uno dei sette o otto più intelligenti. Non era il migliore, però faceva parte di quella cerchia ristretta. Era trasandato, con il colletto macchiato di inchiostro, uno con cui si stava bene, ma anche abbastanza gracile. Stephen era quello che veniva strapazzato alle docce, quello che il più delle volte veniva scelto per ultimo da mettere in squadra, senza che però se ne crucciasse più che tanto. Era un tipo in pace con se stesso.

Parlava molto in fretta, era quasi incoerente. E aveva anche un linguaggio speciale, un modo di parlare che smontava le parole, certe volte in maniera anche molto creativa. Ricordo un giorno che invece di parlare di «silhouettes», parlava di «slit-outs», come dire ritagli invece di profili, ed era sicuramente un modo interessante di smontare e rimontare la parola.

Isobel Hawking

A tredici anni ebbe una malattia che può essere stata almeno in parte causa di quella che ha avuto in seguito. Credo che non lo sapremo mai con certezza. All'epoca gli fu diagnosticata una febbre ghiandolare, poche linee che si ripresentarono in continuazione per un lungo periodo. Se normalmente era solo febbricitante, c'erano però momenti in cui doveva restare a letto e perse molti giorni di scuola. Poi passò, ma non saprei se la sua salute si fosse veramente rimessa del tutto.

Mary Hawking

Mio padre era abile nei dibattiti teologici, così eravamo tutti abituati a discutere di teologia. Era un buon argomento, per una discussione. Se hai deciso di litigare, ci si può buttare allegramente su qualsiasi cosa, compresa la teologia e il problema dell'esistenza di Dio. Poi qualcuno si stanca o comincia «Viaggio nello spazio» o qualcos'altro del genere e la discussione termina.

John McClenahan

Il padre di Stephen aveva una serra ed era lì che facevamo i fuochi artificiali. Non so da dove venissero le ricette e ho il sospetto, con il senno di poi, che alcuni di quei miscugli fossero molto pericolosi.

Avevamo un insegnante d'inglese abbastanza simpatico ma molto serio che ci faceva lezione sui drammi di Shakespeare e il primo di aprile alcuni di noi decisero di togliergli di dosso un po' di quell'aria formale. Preparammo dello ioduro di potassio, che asciugato su carta da filtro è una sostanza esplosiva a percussione. Ne applicammo poi un pezzetto sotto tutte e quattro le gambe della sedia, così quando entrò e si sedette ci furono le esplosioni. Si prese un bello spavento. Inoltre avevamo scritto sulla lavagna una frase che avrebbe visto appena si fosse girato: «Pensi forse che poiché sei virtuoso non ci saranno più dolci e birra?». Era una battuta tratta da *La dodicesima notte*. La prese straordinariamente bene, bontà sua.

Isobel Hawking

I fuochi artificiali erano difficili da trovare e comunque costosi, così li confezionavano da soli. Naturalmente mio marito manteneva la situazione sotto stretto controllo, perciò non c'erano pericoli reali; però a me non piaceva lo stesso.

Li fabbricavano in un ripostiglio e li usavano il Guy Fawkes Day.* È in questo modo che i ragazzi hanno appreso i fondamenti della chimica, come per esempio quali colori mettere insieme per ottenere determinati effetti. E i fuochi artificiali erano davvero spettacolari, Stephen e suo padre ne andavano matti.

Andavano anche in gita insieme a studiare il territorio. Secondo me è un'attività a cui tutti dovrebbero dedicarsi, perché è pratica e teorica ed è comunque un modo meraviglioso di occupare il tempo. Andavano a Ivinghoe. Ci andavamo spesso insieme, a Ivinghoe Beacon, nei Chiltern. Poi loro imboccavano uno dei sentieri e stavano via anche per molto tempo, fermandosi a contemplare ed esaminare questo e quello e prendendo appunti.

Michael Church

Non lo avevo preso affatto sul serio, perché era solo un geniaccio, un caro amico, naturalmente, ma non una persona di grande sensibilità o profonde intuizioni esistenziali, non aveva risposte illuminanti sul significato della vita. Poi, un giorno, si ammazzava il tempo nella sua tana di geniaccio, che era un gran caos e nell'insieme anche un grande scherzo, una specie di parodia dello studio di uno scienziato, e ci mettemmo a parlare di vita e filosofia, questioni esistenziali sulle quali a quei tempi mi sentivo molto ferra-

* Il 5 novembre si festeggia in Inghilterra, con mortaretti e fuochi artificiali, la scoperta, avvenuta nel 1605, di una congiura cattolica (la «Congiura delle Polveri»), nella quale Guy Fawkes, insieme con altri cospiratori, si proponeva di far saltare in aria il Parlamento. [*N.d.R.*]

to, abbastanza da trattarle con notevole disinvoltura.

All'improvviso mi accorsi che mi stava prendendo all'amo e che se fossi stato al suo gioco avrei finito per coprirmi di ridicolo. Fu un brutto momento. La sensazione era di essere osservato da grande altezza. Era come se mi stesse contemplando da lontano con occhio divertito.

Fu a quel punto che capii per la prima volta che era un po' diverso e non solo perspicace o originale, ma eccezionale. C'era in lui una presunzione, se vogliamo chiamarla così, che ti intimoriva, ti metteva a disagio dandoti l'impressione che avesse del mondo una percezione diversa e più completa.

Basil King

Si discuteva della possibilità della generazione spontanea della vita. Mi pare che Stephen se ne uscisse con un'osservazione dalla quale si capiva non solo che ci aveva già pensato, ma che aveva anche tentato qualche calcolo sul tempo che avrebbe richiesto. Fu allora che, parlandone con John McClenahan, uno dei miei amici, dissi: «Secondo me Stephen darà prova di un talento eccezionale».

John non fu d'accordo. Così, da quei bambini che eravamo, scommettemmo un sacchetto di caramelle. Ora che ci ripenso, mi sembra di poter affermare che la scommessa l'ho vinta io, quindi ho diritto a intascare la posta, che non mi è stata ancora consegnata.

John McClenahan

Sì, c'era stata una scommessa fra noi tre, qualcuno era convinto che nessuno avrebbe fatto una carriera particolarmente brillante e qualcuno la pensava diversamente. Io non ricordo più chi stava da quale parte, ma Stephen sostiene che sono in debito di un sacchetto di caramelle nei confronti di tutti e due, perché avrei perso scommettendo che non sarebbe diventato famoso.

Anche a posteriori, è molto difficile. Era sicuramente singolare, ma il suo acume teorico non era tanto evidente. C'è però un episodio. Non so perché ci fossimo messi a discuterne, ma la domanda era: se si ha una tazza di tè che scotta e non si riesce a bere, si raffredderà più velocemente mettendoci subito il latte o lasciando il latte fuori e aggiungendolo solo in un secondo tempo? Io non sapevo nemmeno da che parte affrontare il problema, mentre per Stephen fu un giochetto, un lampo di illuminazione. Ricordo bene la formulazione: un corpo caldo perde calore a una velocità proporzionale alla quarta potenza della sua temperatura assoluta. Stephen sostenne che di conseguenza più a lungo si fosse lasciato il tè a se stesso, più velocemente si sarebbe raffreddato e che quindi conveniva aggiungere il latte alla fine e non al principio.

Mary Hawking

Smisi di giocare con Stephen quando aveva più o meno dodici anni perché aveva cominciato a prendere i giochi troppo seriamente.

Avevamo Monopoli. Per cominciare, tanto per rendere il gioco più complicato, sulla tavola apparvero all'improvviso delle linee ferroviarie. Poi concluse che Monopoli non era un gioco abbastanza flessibile e gli preferì un gioco spaventoso che si chiamava Dynasty e che, per quello che riuscivo a capire, dato che come ho detto io non ci ho mai giocato, continuava in eterno perché non c'era modo di finirlo.

ISOBEL HAWKING

Il gioco, a quanto riuscivo a capire, era quasi un sostituto della vita. Andava avanti per ore e ore. Io lo giudicavo assolutamente terribile, non riuscivo a immaginare come si potesse esserne così presi, ma Stephen ha sempre avuto una mente molto complicata e credo che fosse appunto la complicazione del gioco ad affascinarlo tanto.

JOHN MCCLENAHAN

Stephen aveva un'attitudine particolare nell'inventare questi giochi da tavolo molto complessi. Al confronto, Monopoli era un gioco da bambini piccoli. Si giocava su un rettangolo di cartone molto grande, probabilmente un metro per sessanta centimetri o giù di lì, diviso in quadrettini di un centimetro. Erano soprattutto giochi di guerra, con regole complicate sulla distanza percorribile dopo aver lanciato i dadi. Normalmente un gioco durava almeno quattro o cinque ore e molte partite si conducevano in sedute successive nell'arco di una settimana.

MICHAEL CHURCH

Gli piaceva inventare regole. Uno dei suoi maggiori successi è stato un gioco per il quale ci voleva un'intera serata solo per stabilire con precisione le conseguenze di un lancio di dadi. Il regolamento era un rompicapo. Gli piaceva la sensazione di aver creato un mondo e di aver poi creato le leggi che lo governano. Nonché di trovarsi nella condizione di farci ubbidire a quelle leggi: anche questo gli piaceva.

ISOBEL HAWKING

Credo che fossero in quinta quando costruirono il computer. Sì, deve essere stato in quinta, perché in sesta probabilmente sarebbero stati tutti troppo occupati con la scuola. Mi pare che fossero sei. Deve essere stato nel 1957 o '58, agli albori dei computer. Lo costruirono con i pezzi di non saprei quanti altri meccanismi, congegni tolti da orologi e cose del genere. E rispondeva alle domande. Andammo tutti a scuola a vederlo, perché era una creazione veramente sensazionale. A porre le domande giuste, era probabile che si avessero le risposte giuste.

Non poteva essere stato costruito solo da Stephen, perché non era molto abile nel lavoro ma-

Stephen con la sua bicicletta, nel 1957.

nuale. Lui poteva essere forse non l'unico ma certamente uno dei cervelli dietro l'operazione, mentre penso che gran parte del lavoro manuale sia stato svolto da John McClenahan, che in questo era molto capace. Comunque, lavorarono tutti insieme.

John McClenahan

Quando costruivamo questi computer e altri apparecchi del genere, ricordo che era in grado di fare le manovre più complicate, eppure per certe cose succedeva che ci provava e poi si rivolgeva a me. «Non ci riesco», mi diceva. L'impressione generale che mi dava era di una persona fragile, ma ho altri amici che erano come lui e non per questo sono stati vittime della stessa malattia. Un mio compagno d'università era maldestro come Stephen a quei tempi, eppure adesso non è malato. Nel caso di Stephen io credo che fossero più che altro manierismi fisici e nervosi.

Isobel Hawking

Quando frequentava l'ultimo anno alla St. Albans School, dovemmo trasferirci in India perché mio marito partecipava a quello che chiamavano il Piano Colombo, un programma che prevedeva l'invio di scienziati e tecnici presso istituti in India e in altre parti del mondo, per uno scambio di esperienze e conoscenze professionali. Così, quando Frank ottenne quell'incarico, partimmo tutti, eccetto Stephen. Quell'anno aveva la maturità e non potevamo fargli interrompere gli studi.

Janet Humphrey

Quando la famiglia Hawking fu trasferita in India, si decise che Stephen sarebbe venuto a stare con noi per un anno. Avevamo una casa spaziosa e una famiglia numerosa, ed era un momento in cui Stephen non poteva permettersi di piantare tutto: non poteva abbandonare la scuola di punto in bianco, era un anno troppo importante per gli studi. E naturalmente con noi sarebbe stato benissimo.

Stephen era alquanto goffo nei movimenti. Ricordo una volta che aveva sparecchiato la tavola da pranzo ed entrò di corsa in cucina spingendo il carrello con tutte le stoviglie. Urtò contro non so che cosa e fece cascare tutto. Tutti risero, ma dopo il primo momento era lui quello che rideva più forte.

Allo stesso tempo era molto organizzato. Per esempio, una volta decise che la sera sarebbe stato bello dedicarsi alle danze scozzesi. Sia chiaro, la nostra era una casa del tutto normale, ma avevamo parecchio posto e un ingresso spazioso. Comperammo dei dischi e un manuale per imparare a ballare e Stephen assunse il comando delle operazioni. Pretese che ci si mettesse in giacca e cravatta perché era uno dei più grandi. E assunse il ruolo di maestro di cerimonie.

Non so quante volte l'abbiamo fatto, ma era sicuramente molto divertente. Stephen ci metteva molto impegno, ma non bisogna dimenticare che allora gli piaceva molto ballare.

Isobel Hawking

Conservo ancora la fitta corrispondenza che tenevamo con Stephen durante quella trasferta, perché gli Humphrey lo costrinsero a tenere le lettere che per indole naturale Stephen avrebbe gettato via. Purtroppo io non trovo più quelle che scrisse lui e che probabilmente erano assai poco interessanti, dato che non ha mai avuto l'animo di uno scrittore epistolare. Credo che rispondesse alle lettere solo perché il dottor Humphrey lo metteva a sedere e gli ordinava di farlo: «E adesso scrivi ai tuoi!».

Ma passò un anno felice con gli Humphrey, mentre per noi l'India fu un'esperienza indimenticabile. Stephen ci raggiunse proprio alla fine, quando aveva già sostenuto l'esame di ammissione a Oxford e aveva ottenuto la sua borsa di studio.

PARTE SECONDA

Stephen Hawking

Mio padre avrebbe voluto che facessi medicina, ma io trovavo la biologia troppo descrittiva e non abbastanza fondamentale. Io volevo studiare matematica e fisica, ma mio padre era dell'opinione che con la matematica non avrei avuto strade aperte per una carriera se non nell'insegnamento. Così mi fece studiare chimica e fisica, con solo un piccolo supporto di studi di matematica.

Un altro motivo contro la matematica era che voleva che m'iscrivessi al suo vecchio college, l'University College di Oxford, dove all'epoca non c'era un corso di matematica. Entrai dunque all'University College nel 1959 iscrivendomi a fisica, che era l'argomento che mi interessava di più, visto che è la fisica che governa il comportamento dell'universo. Per me la matematica è solo uno strumento con cui occuparsi di fisica.

Quasi tutti gli altri studenti del mio corso avevano prestato servizio militare ed erano più vecchi di me. Mi ritrovai abbastanza solo durante il primo anno e parte del secondo. Fu solo nel corso del terzo anno che cominciai a trovarmi veramente bene a Oxford. L'atteggiamento prevalente in quel periodo, a Oxford, era contrario all'applicazione negli studi. O si era tanto brillanti da riuscire bene senza fatica, o si accettavano i propri limiti e di conseguenza una laurea scadente. Sgobbare per ottenere un voto migliore era da «noiosi», il peggior epiteto del vocabolario oxfordiano.

A quei tempi il corso di fisica a Oxford era strutturato in maniera tale da agevolare lo studente che voleva evitare la fatica. Io sostenni un esame prima di essere iscritto, dopodiché frequentai Oxford per tre anni senza altre prove fino all'esame finale. Una volta ho calcolato che in quei tre anni di Oxford ho lavorato all'incirca un migliaio di ore, vale a dire una media di un'ora al giorno. Non che ne sia fiero: sto solo descrivendo qual era il mio atteggiamento, condiviso con la maggior parte dei miei compagni: un atteggiamento di noia assoluta, sostenuta dal presupposto che non esistesse nulla per cui valesse la pena faticare.

Derek Powney era uno dei quattro studenti di fisica dell'University College, nel corso di Stephen Hawking. Lasciata Oxford, si occupò di ricerca alla Bristol University e ora è preside dell'Abbs Cross School nell'Essex, poco distante da Londra.

Derek Powney

Quell'anno all'University College eravamo in quattro a studiare fisica: Stephen, Gordon Berry, Richard Bryan e io. La prima immagine di Stephen di cui conservo il ricordo fu quando io e Gordon salimmo a cercarlo nella sua stanza dopo cena e lo trovammo seduto su una cassa di birra, intento a scolarsela lentamente dalla prima all'ultima bottiglia. All'epoca aveva solo diciassette anni e naturalmente non poteva entrare in un pub. Il fatto è che la sua iscrizione a Oxford era stata ridicolmente precoce. Quell'anno si era presentato all'esame di ammissione più che altro per saggiare il terreno e invece era stato preso, così l'ottobre seguente si era trasferito.

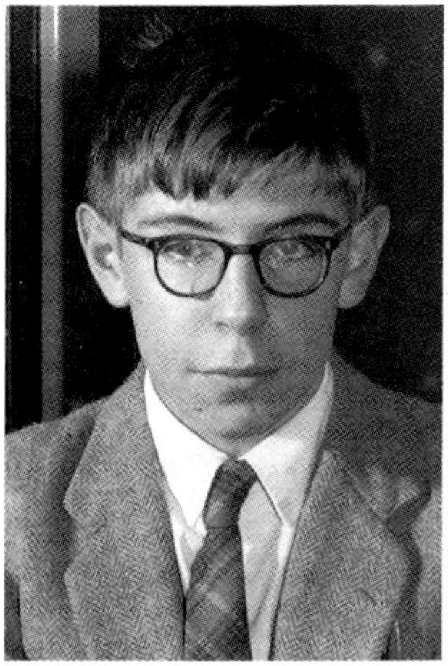

Stephen Hawking

Gordon Berry

Richard Bryan

Derek Powney

Credo che lì per lì nessuno di noi si fosse reso conto di quanto era intelligente e cominciammo a capirlo solo durante il secondo anno. Nei seminari avevamo lavorato in due coppie, finché una volta ci ritrovammo tutti e quattro a svolgere la stessa esercitazione, con le due coppie esattamente nella stessa posizione. Ci fu chiesto di leggere un capitolo, il decimo, di un libro intitolato *Electricity and Magnetism* di Bleaney e Bleaney, un insolito manuale scritto a quattro mani da marito e moglie. In coda a quel capitolo c'erano tredici domande ed erano tutte domande da lode. Il docente che ci seguiva, Bobby Berman, disse: «Fatene quante più potete».

Così ci provammo e io scoprii molto presto che non ero in grado di rispondere nemmeno a una. Il mio partner era Richard e, lavorando insieme per un'intera settimana, riuscimmo a tirar fuori una risposta e mezzo, un risultato di cui eravamo molto orgogliosi. Gordon rifiutò ogni aiuto e riuscì a rispondere a una delle domande da solo. Stephen, come sempre, non aveva nemmeno cominciato. Stephen non lavorava molto subito dopo essersi alzato.

«Guarda che non va bene, Hawking», lo rimproverammo noi. «Bisogna che alla mattina ti alzi per colazione.» E già questo sarebbe stato un fatto sorprendente, perché per colazione non si alzava mai. Ci guardò con aria pensierosa e il mattino dopo si alzò per colazione. Da bravi ragazzi, noi ce ne partimmo per le tre lezioni di quella mattina, ma Stephen non venne con noi. Risalì in camera sua alle nove, o alle nove meno cinque, per meglio dire, perché ci volevano solo cinque minuti per raggiungere i laboratori dal college.

Rientrammo verso mezzogiorno ed ecco che scende Stephen. Eravamo al cancello, in portineria.

«Ah, Hawking!» dissi io. «Allora quante risposte sei riuscito a dare?»

«Be', ho avuto appena il tempo di fare le prime dieci» rispose lui. E noi tutti giù a ridere, ma non per molto, perché lui ci guardava con quell'aria interrogativa e le risa ci si congelarono sulle labbra. Ci rendemmo conto allora che era esattamente quello che aveva fatto: aveva risposto alle prime dieci. Credo che in quel momento capimmo che non solo non eravamo sulla stessa strada, ma nemmeno sullo stesso pianeta.

Patrick Sandars era ricercatore alla facoltà di fisica dell'University College ed era uno dei docenti che seguivano gli studi di Stephen Hawking. Oggi è professore di fisica sperimentale al Clarendon Laboratory di Oxford.

PATRICK SANDARS

Stephen non dimostrava mai grande interesse per ciò che faceva. In certi momenti quella mancanza di interesse era più evidente che in altri. Venne il momento in cui si dovette passare alla fisica statistica, compresa nella sezione teorica del piano di studi per la laurea. Gli mostrai il libro sul quale avremmo lavorato durante il semestre. Lui ci diede un'occhiata ed ebbi l'impressione che lo prendesse subito in antipatia. Ciononostante, insistei dicendo che dovevamo finire il primo capitolo durante la prima settimana e che avrebbe dovuto risolvere un paio dei problemi fra quelli che gli avevo indicato.

Alla fine della settimana, quando ci ritrovammo, invece di presentarsi con i problemi risolti, venne con il libro, sul quale non aveva risolto alcun problema ma aveva segnato tutti gli errori. Lo posò e discutemmo brevemente dell'argomento, dopodiché mi fu chiaro che ne sapeva più di me.

Robert Berman aveva studiato a Cambridge prima di ottenere un posto alla facoltà di fisica di Oxford. All'University College seguì Stephen Hawking, in qualità di «tutor» per la fisica.

ROBERT BERMAN

Ho conosciuto Stephen quando probabilmente non aveva ancora compiuto i diciassette anni. Suo padre, che era stato studente nello stesso college, venne a presentarmelo, e chiacchierammo abbastanza genericamente sull'eventualità che Stephen si iscrivesse lì al corso di fisica. Per quel che ricordo, fu più che altro suo padre a parlare e non posso dire che Stephen mi abbia fatto un'impressione particolare.

Ma quando sostenne l'esame di ammissione, risultò molto preparato, specialmente in fisica. Al colloquio generico, che a quei tempi veniva condotto alla presenza del direttore del college, del *tutor* più anziano e di alcune altre autorità dell'istituto, tutti furono immediatamente concordi nell'affermare che aveva tutte le carte in regola per essere nostro studente, perciò non fu messo in dubbio che gli si dovesse concedere la borsa di studio e accettarlo per un corso di laurea in fisica.

Era sicuramente lo studente più intelligente che avessi mai avuto. All'esame finale non fece bene quanto almeno una trentina di altri studenti che ho avuto dopo di lui, ma è evidente che chi riesce meglio non solo è intelligente, ma ha anche lavorato intensamente. Stephen tuttavia non era solo intelligente, era qualcosa di più, mentre non si può affermare sulla base di un metro di giudizio consolidato che lavorasse molto intensamente, perché non gli era indispensabile. Ogni settimana si presentava con il lavoro svolto e io credo che in definitiva questo fosse il mio ruolo, indurlo a continuare a fare il minimo. Non sono tanto presuntuoso da pensare di avergli mai insegnato niente.

Gordon Berry era in coppia con Stephen Hawking nei seminari di fisica all'University College ed è stato uno dei suoi amici più intimi. Erano anche timonieri tutti e due. Dopo la laurea, Berry si trasferì negli Stati Uniti a studiare per le sue specializzazioni. Fino a non molto tempo fa aveva un incarico congiunto al dipartimento di fisica nucleare dell'Università di Chicago in contemporanea con un altro all'Argonne National Laboratory. Oggi dedica tutto il suo impegno ad Argonne, dove dirige una delle équipe di ricerca.

GORDON BERRY

Steve è probabilmente la persona che frequentavo di più all'University College. Eravamo in coppia nelle esercitazioni, eravamo sul fiume sei pomeriggi su sette e la sera giocavamo insieme a bridge.

Avevamo un *tutor* di fisica eccellente, Bobby Berman, specializzato in termodinamica. Credo che Bobby disperasse nella possibilità che alla lunga imparassimo qualcosa, perché non ci applicavamo e sicuramente Steve era un assoluto maestro nel non applicarsi. Non aveva senso per noi faticare per imparare più che tanto di fisica nei primi anni: la cosa importante era divertirsi e fare amicizie. Se devo essere sincero, è per questo che mi ero iscritto a Oxford. Eravamo una spina nel fianco persino per i nostri genitori e credo che i nostri insegnanti non si aspettassero neanche lontanamente qualcosa di costruttivo da parte nostra. Nondimeno, ritengo che la termodinamica che abbiamo imparato a Oxford abbia influenzato il mio lavoro futuro e che abbia avuto un peso significativo nello studio svolto da Steve sui buchi neri.

Il Boat Club rappresentava una delle attività principali dell'University College e, ai tempi in cui vi studiava Stephen Hawking, Norman Dix era il College Boatsman, il responsabile delle attività di canottaggio dell'istituto. Dopo quarant'anni a Oxford, ora è in pensione.

Norman Dix

Si diceva, nel nostro gergo, che «gettavamo la rete» ed è così che lo pescammo. Organizzavamo una festa a base di birra e altre iniziative allettanti per rastrellare le matricole e convincerne il più possibile a iscriversi al Boat Club.

Il problema, per Stephen, era se farlo timoniere del primo otto o del secondo otto. Vede, ci sono timonieri avventurosi e timonieri molto squadrati e Stephen era del tipo avventuroso, non si sapeva mai che cosa avrebbe fatto quando usciva con l'equipaggio. Io credo che qualche volta si portasse con sé anche del lavoro. Era uno che faceva funzionare le rotelle contemporaneamente su piani diversi.

Ma aveva una buona voce, abbastanza cristallina, qualche volta sufficientemente autorevole, anche se non proprio una voce da sergente maggiore.

A quei tempi avevamo un Boat Club molto animato. Ai ragazzi piaceva stare sul fiume ed era giusto così, non c'era nessuno che pretendesse di fare indagini complicate come succede oggi. L'aspetto terribile del canottaggio moderno è che a nessuno piace perdere, così si riuniscono c hanno bisogno di uno psichiatra che esamini i motivi per cui hanno perso. Io credo che il motivo per cui si perde è che c'è qualcuno un po' più bravo.

GORDON BERRY

Ho ricordi un po' vaghi su come siamo finiti al Boat Club, ma mi pare che ci fosse una festa in cantina e che si andò giù per bere qualcosa. Si sforzavano di convincere quelli più musco-

Stephen Hawking capovoga della sua barca nella «settimana degli Otto» di Oxford nel 1961.

L'University College Boat Club, 1962. A destra si nota un esuberante Stephen Hawking.

losi ad andare a provare sul fiume, anche se non avevano mai remato in vita loro. Poi cercavano quelli piccoli. Io non ero proprio piccolissimo, ma ero molto magro, mentre penso che Steve avesse proprio la corporatura adatta per fare il capovoga, non aveva certo la struttura del vogatore. Così ci esortarono ad andare a provare a guidare la voga e noi accettammo.

Non ci scollammo più dal fiume per tutti e tre gli anni del corso. Era senza dubbio la nostra vita. Avevamo laboratorio sperimentale di fisica per tre giornate intere la settimana, dalle nove del mattino fino alle tre del pomeriggio, ma naturalmente io e Steve dovevamo andare al fiume tutti i giorni, per sei giorni la settimana. Qualcosa bisognava sacrificare; e va da sé che fu sacrificato il laboratorio. Così io e Steve diventammo dei veri esperti nel raccogliere dati a una velocità incredibile: raccogliere il minimo di dati e corredarli del massimo di analisi, in modo da dare l'impressione di aver veramente condotto l'esperimento. Per questo ci voleva qualche piccolo gioco di prestigio, dovevamo convincere le persone che giudicavano gli esperimenti che avevamo fatto anche noi tutto quanto era stato prescritto, sebbene non ci avessero mai visto in laboratorio. Dovevamo trascrivere con molta attenzione il resoconto dei nostri esperimenti. Non abbiamo mai veramente mentito, ma sicuramente si dava fondo alla nostra capacità interpretativa.

Derek Powney

Stephen era tanto più intelligente di noi che non può non aver avuto le sue difficoltà a sopportarci. Credo che nella strategia di Stephen per convivere con persone che rispetto a lui sono intellettualmente molto modeste ci siano particolari meccanismi di difesa, come avviene a un altro livello per la gente comune quando ha a che fare con persone meno intelligenti. Ma persino a Oxford dovevamo apparirgli molto stupidi ed è abbastanza difficile dover trascorrere il proprio tempo sempre in compagnia di persone che non sono al tuo livello intellettuale. Credo che per questo

Stephen Hawking brinda con alcuni compagni dell'University College.

si sviluppi la tendenza a chiudersi in sé, a costruire come autodifesa quasi una caricatura di se stessi.

Isobel Hawking

Quando lo vedevamo, ci sembrava che stesse bene, perché non faceva niente al di fuori dell'ordinario, non camminava con il bastone, stava senza problemi sulle proprie gambe. Poco dopo il nostro ritorno dall'India e prima che andasse a Oxford, portai lui e il fratello minore al Woburn Park, dove si arrampicò su un albero. Credo che si stesse mettendo alla prova, ma non capivo perché. Riuscì ad arrampicarsi, percorrere un ramo e tornare giù.

Gordon Berry

Ci sono delle scale, all'University College, che sono curve ma squadrate e un giorno Steve scivolò mentre scendeva e cadde praticamente dalle scale, rotolò fino in fondo; fu sicuramente un brutto ruzzolone. Non so se perse conoscenza, può essere successo per qualche istante, ma certamente perse la memoria: non ricordava nemmeno chi era.

Così lo trasportammo nella mia stanza, dove si sedette sul divano e naturalmente la sua prima domanda fu: «Chi sono?».

«Sei Steve Hawking.»

«Chi sono?» ripeté subito lui.

«Steve Hawking» rispondemmo di nuovo noi.

Dopo qualche minuto ricordò di essere Steve Hawking. Non ricordava di aver chiesto chi era, ma ricordava l'ultimo anno della sua vita familiare. Poi chiese: «Dove sono?» e noi gli spiegammo dov'era. «Sei all'Università. Sei appena caduto dalle scale.» E così via. Ascoltava la risposta e faceva un'altra domanda. «Ricordo di essere venuto all'Università nel 1959» cominciava, e poi ricordava di aver frequentato certi corsi, ma non ricordava che cosa fosse avvenuto un anno prima e poi che cosa fosse successo un mese prima. Allora noi cercavamo di raccontargli che cosa era accaduto all'Università durante quel periodo, finché diceva: «Ah, sì, mi ricordo». Dopodiché gli tornavano alla mente fatti avvenuti un mese prima e poi altri avvenuti una settimana prima.

Così fu chiaro a lui e a tutti noi che la sua memoria stava lentamente riaffiorando e che dovevamo solo portare pazienza. Così continuammo a fargli domande per vedere se ricordava il passato fino a una settimana addietro.

«Allora, ricordi di essere andato al bar a bere domenica sera?» domandavamo. Oppure: «Ricordi di aver guidato la voga sul fiume lunedì?». Continuavamo a chiederglielo finché ricordava, poi passavamo a un altro giorno. Più ci si avvicinava alla fine, più tempo ci voleva perché ricordasse. Mi pare che impiegò due ore prima di ricordare di essere caduto dalle scale.

Ci si domandava se non avesse perso qualcosa della sua capacità intellettuale a causa dell'incidente. «Mi metterò alla prova per verificare che non sia successo niente di grave» dichiarò Steve. «Mi sottoporrò al test Mensa.» Così fece e il test avrebbe dimostrato se era ancora intelligente o no. Naturalmente passò tranquillamente il test, con 200 o 250, non ricordo bene. Dunque, nessun problema.

Derek Powney

Arrivò il momento degli esami per il diploma... be', un momento che mette paura, perché tre anni di lavoro vengono messi in gioco durante esami che proseguono mattina e pomeriggio, mattina e pomeriggio, per quattro giorni di fila. Così, in quattro che eravamo, si decise di uscire a cena tutte le sere, ogni volta in un ristorante diverso. Non si sarebbe parlato degli esami, avremmo solo cenato insieme.

Ricordo che l'ultima sera tre di noi erano in uno stato di profonda depressione. Stephen pensava di non aver ottenuto il massimo dei voti. Richard credeva di non essere riuscito ad arraffare neppure un punteggio medio e io ero convinto di non aver meritato quei voti buoni a cui aspiravo. Gordon era tutto allegro perché pensava di aver ottenuto il massimo dei voti.

Così tre di noi erano giù di corda e uno era molto su di giri. La verità è che avevamo sbagliato tutti. Stephen ebbe il massimo dei voti che desiderava, io una buona votazione e Richard dei voti medi, mentre Gordon non ottenne il massimo, ma solo un buon punteggio. Dunque tutti e quattro avevamo sbagliato nelle nostre previsioni.

Il mattino dopo feci i bagagli di buon'ora e lasciai frettolosamente Oxford con il treno delle nove e dieci. Oxford aveva rappresentato un periodo magico per la mia vita e non volevo guastarlo.

STEPHEN HAWKING

Siccome più che tanto non avevo lavorato, il mio piano era di superare gli esami finali risolvendo problemi di fisica teorica ed evitando tutte le domande che richiedessero conoscenze pratiche. Non me la cavai molto bene e finii al confine fra la prima e la seconda categoria.

Dovetti sostenere un colloquio perché potessero decidere che diploma assegnarmi. Mi chiesero dei miei progetti per il futuro. Risposi che volevo dedicarmi alla ricerca. Con il massimo dei voti sarei andato a Cambridge, con un punteggio meno buono sarei rimasto a Oxford. Mi diedero il massimo.

ISOBEL HAWKING

Durante il terzo anno credo che lui stesso avesse cominciato a notare che le sue mani non funzionavano più tanto bene, ma non ci disse niente. Io ero molto preoccupata per il suo stato d'animo, ma si pensò che fosse nervoso per gli esami e che passasse genericamente un periodo di difficoltà dovuto all'età, così non se ne fece un dramma.

Credo che fosse d'estate, dopo gli esami, subito prima di tornare a casa, quando cadde dalle scale. E batté la testa. Cadeva sempre sulla testa. Gli dissi che doveva farsi visitare da un medico che gli controllasse i riflessi per sapere se c'erano complicazioni. Ci andò.

Non gli trovarono alcun problema neurolo-

Stephen Hawking
il giorno della laurea
a Oxford, nel 1962.

gico; ancora non gli era stata diagnosticata la malattia dei neuroni motori.

Poi disse che voleva fare un viaggio in Iran con un amico. A quei tempi si era maggiorenni a ventun anni e noi eravamo un po' preoccupati, a essere sincera, ma anche se lui ventun anni non li aveva ancora compiuti lo giudicavamo abbastanza maturo e all'amico con cui viaggiava non mancava l'esperienza, lui era già stato in Persia. I genitori ci scrissero per assicurarci che il loro figliolo sapeva tutto quello che c'era da sapere e che tutto sarebbe andato per il meglio.

Così accettammo e partì per quella che a quei tempi noi chiamavamo la Persia. Fu un viaggio interessante per loro e Stephen ci scrisse un paio di lettere. Nell'ultima ci informava che stava per lasciare Teheran per andare a Tabriz. Non so quanto impiegò per arrivare quella lettera, ma ci dava la data del suo ritorno a casa su un treno per studenti in partenza da Istanbul.

Poi più niente. Arrivò invece la notizia di un grave terremoto in una zona fra Teheran e Tabriz, e per tre settimane non ricevemmo più notizie di lui. Ci mettemmo in contatto con il Foreign Office e fu un momento drammatico, senza notizie. Si sapeva solo che, per quel che risultava al Foreign Office, nessun cittadino britannico era rimasto vittima di quel terremoto, che però era avvenuto proprio nella zona in cui si stava recando Stephen in pullman.

Poi, tre settimane dopo, riapparve alla frontiera libanese. A quanto pare Stephen non si era accorto del terremoto per via del fondo accidentato su cui aveva viaggiato l'autobus, anche se presumibilmente avevano attraversato proprio la zona del sisma. Arrivato a Tabriz, però, stava così male che dovette scendere. Il suo amico restò con lui e insieme si recarono da un medico di quella città. Ciononostante ancora non avevano saputo niente del terremoto e nessuno gliene parlava perché erano stranieri e non sembrava un argomento particolarmente interessante per loro. Così non ne sapevano niente.

Tornato finalmente a casa, era ridotto veramente male, non era certamente stato il viaggio a provocare la malattia. Era già malato in precedenza, ma non lo sapeva, o quanto meno non lo sapevamo noi. Aveva avuto una grave ricaduta e senza dubbio da quel momento le sue condizioni di salute peggiorarono molto.

MARY HAWKING

Una volta si parlava di quando non si riesce a camminare in linea retta, e si diceva che la causa può essere il fatto di aver bevuto qualche birra di troppo la sera prima. Stephen disse che lui ci aveva provato e che non era mai stato capace di camminare diritto. Non credo che gli sembrasse un'argomentazione molto valida.

Nell'autunno 1962 Stephen Hawking si recò a Cambridge, ma nei mesi successivi le sue condizioni di salute peggiorarono.

STEPHEN HAWKING

Poco dopo il ventunesimo compleanno entrai in ospedale per delle analisi. Mi presero un campione di muscolo da un braccio, mi applicarono degli elettrodi e mi iniettarono un fluido radio-opaco nella spina dorsale per guardarlo andare su e giù ai raggi X mentre mi inclinavano il letto. Mi diagnosticarono una sclerosi amiotrofica laterale, o malattia dei motoneuroni, come è più conosciuta in Inghilterra.

Venire a sapere che avevo una malattia incurabile che probabilmente mi avrebbe ucciso nel giro di pochi anni fu abbastanza sconvolgente. Come poteva essere accaduto proprio a me?

La sclerosi amiotrofica laterale è conosciuta anche come «malattia di Lou Gehrig», in particolare negli Stati Uniti, dopo che ne fu mortalmente colpito nel 1941 il celebre giocatore di baseball degli Yankee di New York. La malattia provoca la disintegrazione delle cellule nervose presenti nel midollo spinale e nel cervello che regolano l'attività dei muscoli volontari. La capacità intellettiva non ne è pregiudicata. La morte sopravviene di solito per carenze di funzionamento nei muscoli respiratori, sotto forma di polmonite o soffocamento.

ISOBEL HAWKING

Era un anno molto freddo e il Verulamium Pond era una lastra di ghiaccio. Andavamo tutti a pattinare. Stephen se la cavava, ma è anche vero che stavamo molto vicini. Non sapeva pattinare da virtuoso, e se è per questo non ero un gran che nemmeno io.

Poi cadde e non riuscì a rialzarsi. Era evidente che era successo qualcosa di grave. Così lo accompagnai in un caffè perché si riscaldasse e mi raccontò tutto.

Io volli assolutamente andare a trovare il suo medico, perché secondo me anche nei casi più disperati magari si può fare qualcosa, renderti come minimo un po' più serena la vita che ti resta da vivere.

Non farò il nome del medico in questione, ma andai a trovarlo alla London Clinic. Fu abbastanza sorpreso di vedermi, in fondo non ero che la madre di Stephen! Fu gentile però e accettò di ricevermi con un certo sfoggio di magnanimità. «Sì», disse, «è molto triste che un giovanotto così brillante debba essere stroncato in questo modo nel fiore degli anni.»

E naturalmente io insistevo invece per sapere se c'era qualche rimedio. «Che cosa possiamo fare, non c'è una terapia o qualcosa che possa giovargli?», gli domandai.

«Temo proprio di no», rispose lui. «Non c'è niente da fare. Più o meno dobbiamo accettare la situazione.»

Quando mio marito lo venne a sapere, si rivolse a medici di altre specialità per ottenere una diagnosi. Decisero che esistevano solo due alternative: o era un tumore al cervello, che sarebbe stato operabile, o era la malattia che si è detta.

Dopo che la causa fu accertata, dissero: «Probabilmente non vivrà più di due anni e mezzo».

Derek Powney

Oddio, Stephen era sempre stato molto goffo, ma credo che nessuno ci facesse molto caso. Ci fu quella volta in particolare, verso la fine del terzo anno, quando cadde dalle scale uscendo dalla sala di ritrovo, ma tutti lo presero come uno stupido incidente.

In seguito, durante una visita a Oxford, mi ritrovai a pranzare da solo, alla caccia disperata di qualcuno che mi facesse compagnia, ed ecco che inaspettatamente appare Stephen. Molto generosamente andò a prendere da bere per entrambi e venne a posare i boccali sul tavolo. Nel momento in cui appoggiava il suo, rovesciò la birra.

«Gesù!», scherzai io, «già brillo a quest'ora!»

Allora mi spiegò che era stato in ospedale per due settimane dove era stato sottoposto a una serie di analisi per stabilire di che male soffrisse. Mi comunicò molto francamente che stava perdendo gradualmente il controllo del suo corpo e che gli avevano detto che alla lunga si sarebbe ridotto a una specie di vegetale, dentro il quale la sua mente avrebbe continuato a lavorare con perfetta lucidità, senza che gli fosse data la possibilità di comunicare con il resto del mondo. Disse che alla fine sarebbero rimasti in funzione solo il cuore, i polmoni e il cervello. Poi o cuore o polmoni avrebbero ceduto e sarebbe morto.

Gli avevano detto che la malattia era incurabile, che il decorso era assolutamente imprevedibile, che poteva fermarsi per periodi più o meno lunghi, che non era possibile che migliorasse ma che il decorso poteva arrestarsi e che nessuno poteva prevedere se sarebbe morto di lì a sei mesi o di lì a vent'anni. Ma poiché aveva sviluppato quella malattia in età molto più precoce del solito, sospettavano che non gli restasse molto tempo. Ne fui letteralmente sconvolto, il che non fu sicuramente di alcun aiuto per il povero Stephen. Sapevo benissimo che non era credente e per me questo rendeva tutto molto più difficile, perché era impossibile nelle sue condizioni non domandarsi: «Perché io? Perché proprio questa malattia? Perché adesso?».

Ma lui accettava senza batter ciglio che questo fosse il destino che gli era toccato e, per quello che risulta a me, fu a quel punto che cominciò a lavorare un po'. Sappiamo comunque con certezza che dopo un anno e mezzo circa la Royal Society gli pubblicò quello scritto in cui esponeva una lieve correzione alla più recente teoria della gravitazione del professor Hoyle, per la quale ricevette in seguito i ringraziamenti di Hoyle stesso. Fu allora che ebbe inizio la sua carriera, quando era ancora studente ricercatore, prima di aver ottenuto il dottorato.

Isobel Hawking

Edward era ancora piccolo e io non credo che fosse molto consapevole, ma poiché tutti gli altri rivolgevano altrove la loro attenzione, Edward non ne riceveva quanta avrebbe dovuto alla sua età. Così soffriva, anche se non era uno che lo desse a vedere. E Mary, poiché era molto partecipe per essere stata all'ospedale quando Stephen stava male, soffriva a sua volta.

E molto soffriva mio marito. Ma noi l'abbiamo superato, no? Anche se probabilmente mio marito sarebbe morto lo stesso, anche se non è morto per quello. Tutti gli altri però sono ancora vivi.

Non so se Stephen si sia mai reso conto di tutti gli sforzi fatti da suo padre quando si seppe della sua malattia, perché naturalmente non gli raccontava tutto, non gli disse per esempio delle persone che aveva consultato, come Carleton Gajdusek, premio Nobel per le ricerche compiute su una malattia analoga che si chiama kuru, presente in Borneo o giù di lì. Ma il kuru viene trasmesso dal cannibalismo, una pratica non molto diffusa nel nostro paese.

STEPHEN HAWKING

In quel periodo facevo brutti sogni. Prima che mi fosse diagnosticata la malattia, trovavo la vita molto noiosa. Non mi sembrava che ci fosse niente che valesse la pena fare. Ma poco dopo il periodo trascorso in ospedale, sognai che stavano per giustiziarmi. All'improvviso mi resi conto che c'erano un mucchio di cose importanti che avrei potuto fare se mi avessero graziato.

Una conseguenza della mia malattia: di fronte alla possibilità di una morte precoce, ci si rende conto di quanto sia preziosa la vita.

DEREK POWNEY

Una sera ce ne stavamo tranquillamente seduti, quando mi chiese: «Hai mai letto le elegie di John Donne?». Be', secondo me le elegie di Donne sono le più belle poesie d'amore che abbia mai letto e anche incredibilmente esplicite: se non fossero state scritte da John Donne sarebbero state senza dubbio definite pornografiche. Così, quando Stephen si lanciò in questa conversazione, ricordo che pensai: «Ma perché, amico mio?». Non capivo il motivo di questo suo improvviso interesse per la poesia di Donne. Ebbene, più o meno in quel periodo conobbe sua moglie Jane, anche se noi non lo sapevamo.

Stephen Hawking conobbe Jane Wilde, che stava finendo il liceo, a una festa di capodanno a St. Albans nel gennaio 1963, poco prima di entrare in ospedale per gli accertamenti. Nell'autunno successivo Jane cominciò gli studi di lingue a Londra.

STEPHEN HAWKING

Non mi sembrava che avesse molto senso lavorare alla mia ricerca, visto che presumibilmente non sarei vissuto abbastanza per finire la tesi. Tuttavia, con il passare del tempo, l'impressione era che la malattia rallentasse il suo corso degenerativo. Cominciai a capire il concetto di relatività generale e a fare progressi nel mio lavoro, ma la cosa decisiva fu il mio fidanzamento con una donna di nome Jane Wilde.

Jane Wilde e Stephen Hawking il giorno delle nozze, nel 1965. A destra i genitori di Stephen e a sinistra quelli di Jane.

Ciò mi diede qualcosa per cui vivere, ma significava anche che dovevo trovarmi un lavoro per poterla sposare.

Nel 1965 Stephen Hawking ottenne una borsa di studio al Caius College di Cambridge, al quale si era rivolto nella speranza di poter condurre le sue ricerche. Quello stesso anno sposò Jane Wilde, in luglio. Il loro primo figlio, Robert, nacque nel 1967. Nel 1970 nacque la figlia Lucy e il secondo maschio, Timothy, nacque nel 1979.

Isobel Hawking

Stephen era già malato. Jane lo sapeva e fu un altro aspetto della fortuna di Stephen: avere incontrato la persona giusta al momento giusto. Stephen era profondamente depresso e non era per niente incline a proseguire nel lavoro dopo che gli era stato detto che aveva ancora solo due anni e mezzo di vita. Aver conosciuto Jane lo ricaricò. E si mise a lavorare.

PARTE TERZA

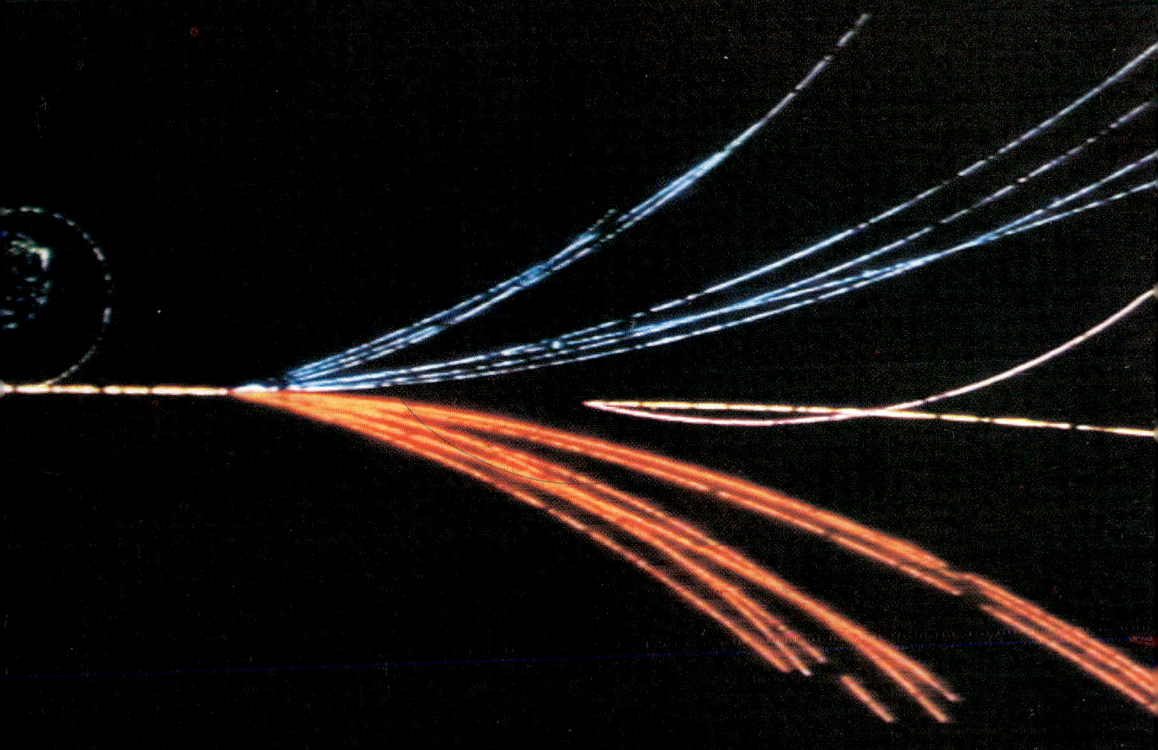

Prima di entrare a Cambridge nel 1962, Stephen Hawking aveva considerato per la sua ricerca due settori della fisica teorica. Uno era la cosmologia, lo studio del molto grande, l'altro erano le particelle elementari, lo studio del molto piccolo. Egli stesso tuttavia dice: «Mi sembrava che le particelle elementari fossero meno interessanti perché non esisteva una teoria vera e propria. Si riusciva al massimo a suddividere le particelle in famiglie, come in botanica. Nella cosmologia invece esisteva una teoria ben definita, la teoria generale della relatività di Einstein. All'epoca a Oxford non c'era nessuno che si occupasse di cosmologia, mentre a Cambridge c'era Fred Hoyle, il più illustre astronomo britannico di quei tempi».

Albert Einstein ha sviluppato due teorie della relatività. La prima, la teoria della relatività ristretta (1905), stabiliva che la luce viaggia sempre a velocità costante e che la velocità della luce è una costante assoluta; ogni altro moto è relativo. Nel 1916 Einstein pubblicò uno scritto in cui esponeva la sua teoria della relatività generale. La relatività generale è fondamentalmente una teoria della gravità come risultato di distorsioni nella geometria dello spazio-tempo.

La geometria ordinaria riguarda le distanze fra punti e gli angoli fra linee. Su una superficie incurvata, come la superficie terrestre, queste distanze e questi angoli non ubbidiscono tuttavia alle stesse leggi geometriche che ne governano il comportamento su una superficie piana. Se per esempio due uomini cominciano a camminare in direzioni diverse su una superficie piana, si allontaneranno progressivamente l'uno dall'altro, ma se due uomini cominciano a camminare in direzioni diverse sulla superficie della terra, dapprima si allontaneranno sempre di più l'uno dall'altro, ma alla fine si reincontreranno dall'altra parte del globo.

Anche la geometria dello spazio-tempo si occupa di distanze e angoli, ma ora si considerano gli eventi, cioè punti che sono separati non solo nello spazio ma anche nel tempo. L'interrogativo principale è se ci si possa spostare da un evento all'altro alla velocità della luce o a una velocità inferiore.

Poiché la gravità è un risultato di distorsioni nella geometria dello spazio-tempo, i campi gravitazionali influenzano le misure del tempo e dello spazio. La relatività generale predice per esempio che un atomo che oscilla nella cantina di un edificio dovrebbe oscillare più lentamente di un atomo identico situato all'ultimo piano. Il fenomeno è minimo, ma è stato misurato (in un edificio di quattro piani!) e le misurazioni hanno confermato la predizione. Effetti analoghi (ma di valore quantitativo molto maggiore) sono previsti in campi gravitazionali molto intensi, come quelli che esistono nelle vicinanze di un buco nero.

Fred Hoyle

La parola giustamente più diffusa al riguardo della cosmologia è «scenario». La scienza vi svolge due parti: una è quella molto precisa che troviamo in teorie come la meccanica quantistica, la cui accuratezza straordinaria potrebbe essere messa in discussione solo da un pazzo.

D'altra parte ha anche un altro ruolo in geologia, astronomia, cosmologia, biologia, dove le teorie

Sir Fred Hoyle, dopo gli studi a Cambridge, vi insegnò astronomia, contribuendo nel 1967 alla fondazione dell'Istituto di Astronomia teorica, del quale fu primo direttore.
È anche un prolifico autore di fantascienza.

non sono dimostrate in senso stretto. La loro accettazione dipende in larga misura da giudizi personali ed è un fenomeno noto che, di fronte a un giudizio, si sviluppa nella gente una forte tendenza associativa; se si parte con metà della gente concorde in un giudizio, molto rapidamente anche l'altra metà porterà la sua adesione. È una sorta di istinto del branco, che secondo me risale ai giorni in cui l'uomo era un animale cacciatore e la peggior cosa che si potesse fare in una comunità di, diciamo, una ventina di uomini era manifestare disaccordo sulla direzione scelta per andare a caccia; era molto meglio scegliere una direzione a caso e partire tutti insieme in quella direzione che dividersi, ciascuno in una direzione diversa: era necessario che il successo della spedizione fosse del gruppo intero.

Noi non solo siamo controllati nel nostro modo di pensare da poche figure carismatiche, ma siamo anche controllati non poco da ciò che facciamo. Cerchiamo di evitare quello che per noi è troppo difficile; se siamo capaci di risolvere certe equazioni, quella è la direzione che prendiamo tendenzialmente. Può succedere però che la verità stia in fondo al percorso difficile. Non c'è alcuna garanzia che l'universo sia costruito esplicitamente in modo da soddisfare i nostri standard di intelligenza.

Io penso che la parola «scenario» è molto ben azzeccata.

E non credo che fra cinquant'anni la gente avrà punti di vista anche solo somiglianti a quelli che abbiamo oggi; tutto cambierà in maniera radicale. È per questa ragione che io preferisco affrontare problemi che in un certo senso sono sorprendenti ma di cui scorgo una possibilità di soluzione.

Con gli scienziati Hermann Bondi e Thomas Gold, Hoyle è stato uno dei teorici della cosmologia dello stato stazionario. I teorici dello stato stazionario ipotizzano che, con l'espandersi dell'universo e il progressivo allontanarsi delle galassie l'una dall'altra, si crei materia dal nulla per riempire il vuoto nello spazio. Tale materia si condensa in un secondo tempo in modo da formare nuove stelle e galassie. Le giovani galassie neonate sostituiscono quelle che stanno morendo, cosicché in ogni momento l'universo appare sempre lo stesso. Di conseguenza l'universo è in uno stato stazionario.

La più importante teoria alternativa è la cosiddetta cosmologia del big bang. I cosmologi del big bang respingono la teoria della creazione della materia dal nulla e sostengono invece che, poiché le galassie si stanno ora allontanando le une dalle altre, in passato dovevano essere più vicine fra loro. Di conseguenza l'universo in un passato molto lontano deve essere stato molto diverso da com'è oggi. In effetti, usando le equazioni della relatività generale per ricostruire a ritroso il moto delle galassie nel tempo, si troverebbe che a un certo punto la densità della materia e il campo gravitazionale dovevano avere un valore infinito. Quel punto sarebbe stato quello del big bang.

Recenti osservazioni astronomiche sembrano confermare la cosmologia del big bang. Indicano che nel passato l'universo era molto diverso da com'è ora. Di conseguenza la teoria dello stato stazionario ha perso molti dei suoi sostenitori, anche se Hoyle ritiene che le prove addotte a sostegno della teoria del big bang siano in realtà interpretazioni errate e continui a difendere la teoria dello stato stazionario.

STEPHEN HAWKING

La mia domanda per un posto di ricercatore a Cambridge fu accettata, ma rimasi deluso quando venni a sapere che il mio supervisore non sarebbe stato Hoyle bensì un certo Dennis Sciama, che non avevo mai sentito nominare. Sciama credeva come Hoyle nella teoria dello stato stazionario, secondo la quale l'universo non aveva né inizio né fine nel tempo.

L'imprevista situazione fu invece un vantaggio, perché Hoyle era spesso all'estero e probabilmente non lo avrei visto molto, mentre Sciama c'era sempre ed era anche sempre stimolante, sebbene spesso mi trovassi in disaccordo con lui.

DENNIS SCIAMA

A quei tempi era in corso un vivace dibattito fra alcuni dei sostenitori della teoria dello stato stazionario e alcuni osservatori che ne stavano verificando la fondatezza, secondo me con la speranza di confutarla. In quella fase io svolsi un ruolo del tutto secondario perché ero un sostenitore della teoria dello stato stazionario non nel senso che credessi che dovesse essere vera, ma perché la trovavo così attraente da desiderare che fosse vera.

Quando l'osservazione cominciò a fornire risultati negativi, Fred Hoyle si adoperò in prima persona per cercare di dimostrare la loro irrilevanza e io ebbi una piccola parte al suo fianco, contribuendo con suggerimenti su come rispondere alle osservazioni contrastanti con la teoria. Ma con l'accumularsi di prove contrarie, fu chiaro che sarebbe stato inutile insistere e che la teoria dello stato stazionario andava abbandonata.

Dennis Sciama è stato docente incaricato di matematica a Cambridge dal 1963 al 1970, professore di astrofisica all'All Souls College di Oxford dal 1970 al 1985, e ora lavora alla Scuola internazionale di studi avanzati a Trieste. A Cambridge fu il supervisore di Stephen Hawking.

L'anno chiave fu probabilmente il 1965, non solo per via del fondo di microonde, ma anche grazie alla rassegna delle radiosorgenti dovuta a un gruppo di ricercatori di Cambridge sotto la guida del grande radioastronomo Martin Ryle. Ryle finì per convincere anche scienziati come me.

Quando io cominciai le mie ricerche sulla relatività, in tutto il mondo c'erano solo un pugno di persone che lavoravano seriamente in quel campo. Poi, nei primi anni Sessanta, la relatività si trasformò in una specie di bomba che ci esplose in faccia, in parte perché era diventata estremamente emozionante e in parte per i nuovi sviluppi avvenuti in astronomia.

Il primissimo sviluppo fu intorno al 1952, quando fu intercettato un rumore radio proveniente sia da fonti puntiformi chiamate radiostelle, sia da ampie regioni nella nostra galassia. A produrre questo rumore radio erano elettroni in movimento nel campo magnetico delle varie galassie. Ma il particolare interessante di quegli elettroni è che si muovevano praticamente alla velocità della luce: erano elettroni di raggi cosmici che si muovevano, come diciamo noi, relativisticamente. L'idea era dunque che gli elettroni relativistici, un concetto precedentemente studiato soprattutto da relativisti che non si occupavano di astronomia, erano responsabili di tutta una gamma di fenomeni radioastronomici, quali venivano individuati da strumenti che possiamo ben definire grandi e grossi pezzi di metallo. Il collegamento tra i concetti astratti della relatività e i concreti metodi di osservazione di queste radiazioni era molto interessante. Fu probabilmente il punto in cui le idee moderne della fisica fecero il loro ingresso in astronomia dal punto di vista dell'osservazione.

Dopo quel primo passo, il progresso fu inarrestabile. Le scoperte si susseguirono praticamente anno dopo anno, sempre più emozionanti, introducendo nell'osservazione astronomica diretta le proprietà più esotiche della fisica moderna. Ci furono le scoperte dei quasar e delle pulsar e della radiazione termica proveniente dal big bang all'origine dell'universo; e poiché si riteneva che i quasar fossero da mettere in relazione al collasso gravitazionale, assunse importanza anche la relatività generale.

Vede, la relatività ristretta è stata la prima delle due teorie della relatività formulate da Einstein, quel-

I quasar, o oggetti quasi-stellari, sono corpi celesti simili a stelle che emettono enormi quantità di radiazioni. Scoperti nel 1963, si ritiene che si siano formati all'inizio dell'universo, quindici miliardi di anni fa.

Si pensa che le pulsar siano stelle di neutroni in rapida rotazione. Il nord e sud magnetico della stella di neutroni non sono allineati con il senso della rotazione ed è questo che provoca l'emissione di onde radio sotto forma di pulsazioni. Le pulsar sono state scoperte nel 1967.

La rappresentazione
di un buco nero
in uno spazio quantico:
la luce non può sfuggire,
il tempo finisce;
eppure i buchi neri
non sono così neri
come si pensava.

la parte della teoria che ogni fisico impara. Ma la sua teoria della gravità, la teoria generale, che è molto più complicata e astrusa, era in passato un terreno riservato a pochi esperti professionisti. Quando si pensò che il collasso gravitazionale fosse importante per spiegare i quasar, la relatività generale diventò improvvisamente importante per l'astrofisica. E naturalmente, se si può studiare il big bang all'origine dell'universo tramite il fondo di radiazioni, allora la cosmologia è comprensibile solo con la relatività generale.

È questo sviluppo del connubio fra l'astratto e il concreto ad avere innescato questa esplosione di interesse per la relatività.

È naturale dunque che quando organizzai un gruppo di ricerca a Cambridge negli anni Sessanta con studenti che mi sembravano particolarmente dotati per poter lavorare in questi settori così complessi, suggerii che si occupassero di questi problemi in particolare.

Nessuna stella vive in eterno; a un certo punto le stelle devono esaurire il loro carburante. Molte si trasformeranno in nane bianche, piccole stelle stabili con un raggio di alcune migliaia di chilometri e una densità di centinaia di tonnellate per centimetro cubo. Altre stelle continueranno a collassare fino a trasformarsi in stelle di neutroni, molto più piccole delle nane bianche, con un raggio di soli 10-15 chilometri e una densità di centinaia di milioni di tonnellate per centimetro cubo. Si crede che altre stelle, sopra un certo limite di dimensioni, collassino formando un buco nero. Un buco nero è circondato da una sfera che chiamiamo orizzonte degli eventi. L'orizzonte degli eventi è una membrana a senso unico: è possibile passare dall'esterno dell'orizzonte degli eventi all'interno del buco nero, mentre nulla, nemmeno la luce, può viaggiare nella direzione opposta. Dentro l'orizzonte degli eventi, al centro del buco nero, c'è una singolarità, un luogo dove il campo gravitazionale è infinitamente intenso. Chiunque attraversi l'orizzonte degli eventi deve prima o poi colpire la singolarità, con risultati disastrosi.

KIP THORNE

Kip Thorne si è laureato in scienze al California Institute of Technology nel 1962 e ha ottenuto il dottorato in fisica sotto John Wheeler a Princeton nel 1965. È attualmente titolare della cattedra intitolata a William R. Kenan, Jr., e professore di fisica teorica al Caltech.

La teoria del collasso gravitazionale delle stelle, dei buchi neri ebbe inizio sul finire degli anni Trenta. Robert Oppenheimer e i suoi studenti, che furono i veri pionieri di questa ricerca, si rifecero al precedente lavoro di Lev Landau, il padre della fisica teorica moderna in Unione Sovietica.

Landau si domandava dove le stelle prendessero l'energia che ne conservava il calore; aveva concepito una teoria secondo cui al centro di stelle come il sole potrebbe esserci una stella di neutroni di dieci o venti chilometri di diametro, e con una massa pari a una piccola frazione della massa del sole, diciamo un decimo della massa del sole. Un graduale sprofondamento del gas del sole in questa stella di neutroni avrebbe prodotto il calore che il sole emette. Landau rimuginò questa idea per conto suo e nelle discussioni con i colleghi durante gli anni Trenta.

Venne però il giorno in cui si sentì soffiare sul collo il vento delle purghe di Stalin e allora si mise alla ricerca disperata di qualcosa di sensazionale, la cui pubblicazione potesse in qualche modo salvarlo. Landau era sospettato perché nei primi anni Trenta aveva trascorso molto tempo in Germania, all'epoca in cui studiava fisica. Per questo motivo alcuni fisici sovietici lo avevano accusato di atti di spionaggio a favore della Germania, nonostante fosse ebreo. Così Landau inviò a Niels Bohr, a Copenhagen, uno scritto in cui illustrava la sua ipotesi del sole mantenuto caldo da un nucleo di neutroni, accompagnato da una lettera in cui gli chiedeva, se avesse trovato la sua idea abbastanza valida, di trasmettere la documentazione a «Nature». Bohr lo fece e immediatamente dopo ricevette dalle «Izvestija» un telegramma in cui gli si chiedeva un'opinione sul lavoro di Landau. Bohr lo lodò senza riserve e le «Izvestija» pubblicarono subito la sua calorosa recensione.

Bohr sapeva che la comunicazione era un tentativo con cui Landau cercava di scampare alla prigione, ma lo stratagemma non ebbe successo e Landau fu incarcerato per un anno, a rischio della vita.

Durante la prigionia di Landau, Oppenheimer e Bob Serber, un suo studente, studiarono la teoria di Landau e ne individuarono una lacuna. Ragionarono sul da farsi, conclusero che Landau era un fisico abbastanza grande da poter sopportare la critica e pubblicarono sul «Physical Review» un articolo nel quale facevano a pezzi la teoria di Landau, mentre quest'ultimo era in prigione.

Dunque ciò che spinse Oppenheimer e il suo studente a pensare alle stelle di neutroni e poi ai buchi neri fu il lavoro con cui Landau, a loro insaputa, aveva cercato di sfuggire alla prigione.

Landau fu poi liberato, per le forti pressioni di alcuni scienziati sovietici, dopo circa un anno di detenzione, che segnò notevolmente le sue condizioni di salute. In Occidente però non credo si sapesse, fino a pochissimo tempo fa, che qui stava l'origine dei lavori compiuti da Oppenheimer con lo studente Hartland Snyder, che era stato camionista dell'Utah prima di cominciare a lavorare sotto Oppenheimer, che sarebbero approdati alla teoria dei buchi neri.

Il primo passo di Oppenheimer e Snyder, dopo aver scoperto che il sole e le altre stelle non potevano mantenere la loro alta temperatura grazie a un nucleo di neutroni, fu di porsi la seguente domanda: dunque, supponendo che ci siano stelle di neutroni, che sono quello che resta dopo la morte di una stella di tipo normale, quanto grandi possono essere? Oppenheimer e un altro studente, George Volkoff, mostrarono che c'è una massa massima per una stella di neutroni, che le stelle di neutroni non possono diventare più grandi di... be', la loro stima indicava 0,7 masse solari. Oggi sappiamo che il valore è più probabilmente nell'ordine di due masse solari, perché ora comprendiamo molto meglio la fisica nucleare.

Dopo aver visto che c'è un valore massimo possibile di massa per una stella di neutroni, Oppenheimer compì il passo successivo, domandandosi che cosa succede quando muore una stella di grande massa. Servendosi della relatività generale, Oppenheimer e Snyder studiarono il processo di implosione di una stella e videro che la stella si sarebbe isolata dall'universo esterno, sarebbe, nel gergo pittoresco che usiamo oggigiorno, «entrata nel proprio orizzonte».

Si rifiutarono tuttavia di considerare che cosa accade alla stella dentro l'orizzonte, limitandosi a vedere dalle equazioni che la stella viene a trovarsi isolata dal resto dell'universo. Oppenheimer non era portato alla speculazione. Esaminava un problema di fisica molto complicato, ne identificava gli elementi fondamentali, lo risolveva e prediceva che cosa sarebbe accaduto: gli strumenti che servivano per creare la bomba all'idrogeno. Si rifiutò però di chiedere alla relatività generale che cosa avviene dentro l'orizzonte, evitò proprio quegli interrogativi che più recentemente sono diventati così interessanti grazie al lavoro di Stephen Hawking sulla gravità quantistica.

Nel 1974 Stephen Hawking scoprì che l'orizzonte degli eventi non era rigorosamente impermeabile alla luce della meccanica quantistica. I buchi neri irradiano energia e perdono massa. Maggiore è la massa di un buco nero, più lentamente viene persa; l'effetto è molto piccolo nei buchi neri a massa stellare, ma tutti i buchi neri alla lunga irradiano tutta la loro massa e scompaiono.

Fino al 1910 circa si pensava che la materia fosse costituita da particelle come palle da biliardo con posi-

zioni e velocità definite e il cui comportamento poteva essere predetto con precisione dalle leggi della fisica. Dagli esperimenti però cominciarono a emergere prove che le cosiddette leggi classiche tanto precise si sarebbero dovute presto sostituire alle distanze molto brevi del mondo dell'atomo con quelle che furono chiamate leggi quantistiche. Secondo queste leggi quantistiche, le particelle non avevano posizioni o velocità esattamente definite, ma erano sparse secondo una distribuzione probabilistica, o funzione d'onda, che misurava la probabilità di trovare la particella in posizioni diverse. Le leggi quantistiche implicavano che non si potessero misurare posizione e velocità di una particella, perché con quanta più precisione si misurava la posizione, con tanto minore precisione si poteva misurare la velocità e viceversa.

Le caratteristiche innovative della relatività generale sono più clamorose nei campi gravitazionali molto intensi. Quelle della meccanica quantistica sono più vistose alle piccole distanze. Pertanto una teoria della geometria spazio-tempo basata sulla meccanica quantistica, la gravità quantistica, dovrebbe essere essenziale alla comprensione di eventi che hanno luogo a piccole brevi distanze e riguardano campi gravitazionali molto intensi. Uno di questi eventi è il big bang. Un altro sarebbe all'interno di un buco nero.

ANTONY HEWISH

Quando i radiotelescopi cominciarono a rilevare onde radio provenienti dall'universo, le attrezzature erano molto rudimentali. La prima autentica emozione fu l'identificazione della prima radiogalassia, grazie al grande telescopio ot-

Antony Hewish ha vinto il premio Nobel per la fisica nel 1974 insieme con Sir Martin Ryle, per la scoperta delle pulsar, che dimostrò l'esistenza delle stelle di neutroni e che rende più probabili i fenomeni dei buchi neri. È professore di radioastronomia a Cambridge dal 1971.

tico di Palomar, in California. Questi strani oggetti (all'epoca non sapevamo che cosa fossero) erano punti nel cielo che emettevano onde radio, ma *che cosa* erano?

Non erano il sole, né alcuna altra stella a noi nota.

Si scoprì che con il telescopio ottico si poteva vedere solo una debole macchiolina e apprendemmo che questa macchiolina era in realtà una galassia di un tipo che non era mai stato osservato in precedenza, a una distanza di qualcosa come un miliardo di anni luce. Così, con apparecchiature semplici, avevamo individuato una galassia a una distanza enorme; la osservavamo in un momento lontano della storia, mille milioni di anni fa. Ed era chiaro che con strumenti più raffinati avremmo individuato oggetti molto più deboli di quello e perciò, presumibilmente, più lontani.

Da qui si concretizzò la possibilità di verificare le teorie cosmologiche in contraddizione fra loro osservando il passato e scrutando a ritroso nella storia dell'universo. Prima la cosmologia era stata il terreno di battaglia dei teorici, mentre ora stava diventando quella che potremmo definire una scienza osservativa, qualcosa da progettare basandoci su un'osservazione vera e propria.

Era stato alzato il sipario sull'universo e ora potevamo scrutare più a fondo nello spazio.

Guardando indietro nel tempo si scoprì che

il numero delle radiogalassie era troppo elevato per conciliarsi con la teoria dello stato stazionario dell'universo di Hoyle, Bondi e Gold. Nell'universo della teoria dello stato stazionario, stelle e galassie si formano e decadono, ma con l'espandersi dell'universo, e tutti siamo d'accordo che l'universo sia in espansione, bisogna aggiungere materiale nuovo perché si formino nuove stelle e galassie e, nella media, l'universo ci appaia uguale a se stesso. Se l'universo è in uno stato stazionario, una sorta di equilibrio, se si vuole, non dovrebbe esserci differenza se lo si osserva in uno o in un altro momento: in media dovrebbe apparirci sempre uguale. Dunque se si possono osservare oggetti molto lontani, allora si può guardare indietro nel tempo e verificare se l'universo era in passato lo stesso di oggi, o viceversa se era differente.

I primi risultati ottenuti con i radiotelescopi lasciavano pensare a un universo molto differente: esso conteneva radiogalassie in numero assai superiore a quelle che avrebbe avuto un universo omogeneo in uno stato stazionario. Dunque l'universo non era in uno stato di creazione continua e dava piuttosto l'impressione di un'evoluzione nel tempo.

Il lavoro svolto sulle radiogalassie sembrava indicare in maniera molto decisa un universo con una storia evolutiva. L'ipotesi fu confermata clamorosamente nel 1965, quando, negli Stati Uniti, Arno Penzias e Robert Wilson raccolsero con una speciale apparecchiatura la radiazione cosmica di fondo, la radiazione termica residua del calore prodotto dal big bang che creò l'universo, a conferma che l'universo non poteva essere in uno stato stazionario.

La debole radiazione termica raccolta dalla loro apparecchiatura è molto fredda e corrisponde a un fondo appena sotto i tre kelvin, decisamente ben poca cosa. Ma volendo ricostruire in una teoria cosmologica come si sia originata quella radiazione, si vede che ci fu un momento in cui l'universo era incredibilmente caldo, con una temperatura di milioni di gradi; quello che captiamo ora è una sorta di vestigio, una radiazione fossile che ci giunge dalla primissima fase dell'universo ed è in accordo con l'idea del big bang, la creazione improvvisa, trasformandolo però in un big bang caldo.

Questa radiazione che rileviamo, questo fossile, ci dice che molto tempo fa esisteva un universo molto caldo e molto condensato. In parole semplici possiamo immaginare una sorta di esplosione cosmica che ha lanciato l'universo nella sua carriera. Ora lo vediamo espandersi e raffreddarsi con il passare del tempo.

Dennis Sciama

Ricordo il primo seminario che si tenne a Cambridge sulle pulsar. Alla conferenza era stato dato un titolo apparentemente innocuo. Mi pare che fosse: «Una nuova classe di radiosorgenti». L'avrebbe tenuta Tony Hewish. Era circolata però la voce che non si sarebbe parlato di una qualsiasi nuova classe di sorgenti di onde radio, ma di qualcosa di spettacolare, così fu necessario trasferire la sede dalla normale aula in cui si tenevano i seminari dei radioastronomi a una sala per conferenze molto più capiente, che era comunque stipata. L'indiscrezione si era diffusa molto bene.

E durante quella conferenza fu annunciata per la prima volta l'esistenza delle pulsar. Si discusse su che cosa fossero. Chiaramente dovevano essere oggetti molto compatti, ma non si sapeva con certezza se fossero nane bianche, che sono oggetti compatti sicuramente molto singolari ma già ben noti agli astronomi, o se fossero le cosiddette stelle di neutroni, che sarebbero molto più compatte delle nane bianche, quasi allo stato di buco nero. Trascorsero alcuni mesi di discussioni prima che fosse chiaro. Tommy Gold, che in precedenza aveva lavorato a Cambridge con Hoyle e Bondi alla teoria dello stato stazionario, fu il primo a sostenere con chiarezza che le pulsar erano stelle di neutroni rotanti e non potevano essere altro.

Così per la prima volta questi oggetti molto compatti, che in precedenza erano esistiti a livello puramente teorico e non erano stati presi sul serio dagli astronomi d'osservazione, diventavano all'improvviso gli oggetti al centro di una classe di sorgenti radio che i radioastronomi di tutto il mondo erano in grado di osservare. Poiché le stelle di neutroni rappresentano una condizione fisica prossima a quella dei buchi neri (il raggio di una stella di neutroni è solo forse di poche volte più grande del raggio che avrebbe un buco nero della stessa massa), un nuovo ottimismo si diffuse tra coloro che prendevano sul serio il concetto dei buchi neri.

Antony Hewish

Negli anni Trenta, quando James Chadwick scoprì il neutrone, si era calcolato che si potessero avere oggetti molto strani. La gravità è una forza di potenza immensa e se si ha una stella che sta esaurendo il suo carburante nucleare, la gravità la condensa, anche se fosse della dimensione del sole, in una pallina di pochi chilometri di diametro, trasformando il grosso del materiale stellare in neutroni. È come cancellare dall'esistenza la materia come noi la conosciamo con un'azione di schiacciamento, comprimendo insieme le cariche positive e negative fino a farle fondere in un nuovo tipo di particella.

Circolava l'idea che potessero esistere stelle di neutroni e fu sicuramente un gran colpo di fortuna che il programma sperimentale al quale mi dedicavo a Cambridge approdasse direttamente alla scoperta di questi fenomeni. Vede, l'esperimento era stato progettato allo scopo di osservare i quasar. Avevo scoperto che osservando certe radiogalassie attraverso l'atmosfera del sole, emettevano una specie di scintillio, simile a quello di una stella. Ma lo fanno solo se hanno le dimensioni incredibilmente compatte che sono tipiche dei quasar. I quasar sono galassie di energia immensa, ma la loro sorgente di energia è localizzata in un minuscolo volume che si trova al centro, perché sono oggetti così compatti da apparire piccolissimi anche al radiotelescopio. Dunque è da questo scintillio che si può stabilire se si sta osservando un tipo normale di radiogalassia estesa o qualcosa che ha questa struttura compatta.

Così progettai un radiotelescopio che era un'assoluta innovazione nel campo della radioastronomia; era stato creato perché osservasse questo effetto di scintillio, il che significa che aveva proprietà del tutto peculiari. Lavorava su una lunghezza d'onda lunga, alla quale osservavamo ripetutamente il cielo a caccia di sorgenti fluttuanti. Naturalmente non impiegammo molto prima di intercettare le pulsazioni. Fu un gran colpo di fortuna che i parametri del telescopio fossero esattamente quelli che erano necessari per rilevare le pulsazioni.

Si scoprì che le pulsar erano stelle di neutroni rotanti e questa scoperta, avvenuta nel 1967, diventò di dominio pubblico nel 1968. Ancora non sapevamo che cos'erano, ma sapevamo che dovevano essere oggetti minuscoli per rispondere a tutti i requisiti. Nel primo articolo ipotizzai che si trattasse di stelle di neutroni vibranti o nane bianche vibranti, ma la stella di neutroni restava l'ipotesi più probabile. Dodici mesi dopo l'ipotesi fu confermata e le stelle di neutroni entrarono nell'astrofisica.

Fu tutto molto emozionante. Del resto, chi si sarebbe mai sognato di trovare segnali apparentemente intelligenti provenienti dal cielo? Che cosa mai poteva lanciare impulsi nello spazio? Considerammo ogni ipotesi possibile e immaginabile e controllammo tutte le alternative, come la possibilità di un veicolo spaziale americano di cui nessuno ci avesse informato, o segnali riflessi dalla luna. Ma quando tutte queste possibilità locali furono scartate, io cominciai a pensare con serietà che potessimo aver captato per la prima volta degli autentici segnali intelligenti, quelli degli omini verdi, come li chiamavamo noi, segnali di un'intelligenza aliena.

Una mia studentessa però, Jocelyn Bell, continuava a svolgere ricerche dalle quali risultò un numero sempre crescente di questi segnali pulsanti, finché ci trovammo costretti a cercare un'altra spiegazione. Non erano gli omini verdi, anche se per un certo tempo tenni in seria considerazione questa eventualità e del resto non era facile rinunciarvi.

È come un romanzo poliziesco: se c'è una sola soluzione, è quella, c'è una sola persona che può aver commesso il delitto. Ebbene, una volta escluso il moto di un pianeta, capii che la pulsazione non poteva provenire da un pianeta. Gli impulsi erano molto brevi e questo significava che il corpo che li emetteva doveva essere molto piccolo: non è possibile che un corpo di grandi dimensioni emetta impulsi brevissimi, a causa del tempo diverso impiegato dalle radiazioni per giungere a destinazione partendo da punti diversi dell'oggetto in questione. Doveva essere qualcosa di altamente compatto, doveva essere un oggetto di poche migliaia di chilometri di diametro eppure alla distanza di una stella.

STEPHEN HAWKING

Andai al seminario durante il quale fu annunciata la scoperta delle pulsar. La sala era decorata con omini verdi di carta. Le prime quattro pulsar scoperte furono chiamate LGM, da uno a quattro. LGM sta per *«little green men»*, gli «omini verdi».

Kip Thorne

Conobbi Stephen a una conferenza internazionale sulla relatività generale e sulla gravitazione. Avevo appena ottenuto il dottorato, mentre Stephen stava per ottenere il suo a Cambridge. All'epoca camminava aiutandosi con un bastone ed era un po' instabile sulle gambe. Parlava però con grande chiarezza, sebbene con qualche piccola esitazione. Solo più tardi mi resi conto della natura della sua malattia.

L'incontro avvenne all'epoca in cui Stephen era nelle prime fasi del suo lavoro sulle singolarità in cosmologia, nella struttura dell'universo su grande scala, usando le tecniche impiegate per la prima volta da Roger Penrose. La breve conversazione che avemmo in una sala da tè fu sufficiente a lasciarmi molto colpito da quel che stava facendo, dalle idee che stava sviluppando, idee che si basavano chiaramente sulle tecniche messe a punto da Penrose ma che venivano applicate in un contesto cosmologico, mentre Penrose se ne era servito nel contesto dei buchi neri.

L'aspetto per cui Stephen era probabilmente unico o comunque più efficiente degli altri è la velocità con cui si buttò nella ricerca, impadronendosi delle tecniche e cominciando a impiegarle con un tale slancio da lasciare tutti gli altri nella polvere. In retrospettiva, credo che fosse la cosa ovvia da fare, ma c'è sempre da chiedersi quanto le considerazioni che si fanno in retrospettiva rappresentino la realtà della situazione.

Roger Penrose

Ricordo di aver avuto una conversazione molto animata con l'amico Ivor Robinson e che dovevamo attraversare una strada. Mentre l'attraversavamo la conversazione naturalmente fu sospesa. Arrivammo sul lato opposto e attraversando la strada mi era venuta un'idea, ma la conversazione era già ripresa e l'idea mi scappò completamente dalla testa. Solo più tardi, dopo che il mio amico se ne fu andato a casa, cominciai ad avere questo strano senso di esaltazione, la sensazione di sentirmi benissimo. E non riuscivo assolutamente a capire che cosa mi facesse sentire così. Allora ricostruii quello che era avvenuto durante la giornata, pensando a tutte le cause possibili e piano piano recuperai l'idea che avevo avuto mentre attraversavo la strada.

Con Dennis Sciama, Roger Penrose esaminò la tesi di laurea di Stephen Hawking, che era uno sviluppo del lavoro già svolto da Penrose su quel che avviene quando una stella consuma tutto il suo carburante e collassa in un buco nero. Attualmente Penrose è titolare di cattedra al Mathematical Institute di Oxford.

L'idea di Penrose era un modo di dimostrare che, se una stella collassa oltre un certo punto, non può più riespandersi. Si verificherebbe invece una singolarità di spazio-tempo, un punto in cui il tempo giungerebbe alla fine e le leggi della fisica verrebbero meno. Prima del risultato di Penrose, si pensava che, se una stella non fosse stata perfettamente rotonda o se avesse avuto una rotazione, la materia contenuta nella stella in via di collasso potesse evitare di diventare infinitamente densa. Era possibile viceversa che la materia che collassava sfrecciasse oltre se stessa per espandersi di nuovo.

DENNIS SCIAMA

Penrose annunciò il suo risultato: che quando le stelle collassano indefinitamente, diventano singolari, purché siano soddisfatte certe condizioni generali, di quelle che chiunque avrebbe considerato ragionevoli.

Ricordo che Stephen Hawking, che affrontava allora il suo terzo anno come studente ricercatore, disse: «Che risultati interessanti. Chissà se si potrebbero utilizzare per capire l'origine dell'universo?». Ciò che aveva in mente, vede, è che invertendo la direzione del tempo, solo mentalmente, si può vedere l'universo in espansione come un sistema in collasso; è un po' come il collasso di una stella gigantesca. E valgono le stesse considerazioni: se l'universo collassa in quella direzione del tempo raggiungerà una singolarità; oppure, nella direzione normale del tempo, avremmo un'esplosione dal big bang, che è certamente singolare nei modelli molto simmetrici dell'universo.

Poi Stephen disse: «Forse vale la stessa considerazione del teorema di Penrose per le stelle». Vale a dire che, anche in un universo realisticamente irregolare, forse l'inizio deve essere stato una singolarità, la qual cosa di nuovo non sarebbe solo un risultato interessante, ma darebbe origine a una crisi intellettuale perché significherebbe che la relatività generale viene meno proprio all'inizio dell'universo. Così Stephen disse: «Cercherò di adattare il risultato di Penrose all'universo nella sua totalità».

È ciò che fece nel suo ultimo anno come studente ricercatore.

Adattare il metodo di Penrose non era cosa da poco, anzi, fu un exploit brillante. E se si legge la sua tesi, si vedrà che nell'ultimo capitolo c'è il suo primo teorema della singolarità per l'inizio dell'universo.

STEPHEN HAWKING

Il risultato di Penrose fu il primo teorema della singolarità. Per dimostrarlo, Penrose introdusse nella relatività generale alcune tecniche assolutamente nuove. Non fui presente al seminario di Londra in cui presentò il suo teorema, ma ne venni a conoscenza il giorno dopo. Ero emozionato perché stavo riflettendo sul problema analogo della possibile esistenza di una singolarità nel passato che coincidesse con l'inizio di tempo, oppure se potesse esserci stata una precedente fase di contrazione dell'universo e di un rimbalzo. Impiegando le tecniche di Penrose e aggiungendone di mie, mostrai che se la relatività generale classica era corretta, doveva esserci stata una singolarità nel passato in coincidenza con l'inizio del tempo. Qualunque cosa fosse esistita prima di quella singolarità non poteva essere considerata parte dell'universo.

Bernard Carr

Stephen e Roger Penrose sono i due più grandi relativisti e hanno lavorato a problemi molto simili. Alla fine hanno sviluppato i famosi teoremi che dicono che all'inizio dell'universo deve esserci stata una singolarità o un punto in cui la teoria della relatività viene meno. Da un certo punto di vista ciò che hanno scoperto è che la teoria della relatività, per quanto affascinante come descrizione dell'universo, predice in effetti il proprio annullamento in circostanze molto speciali.

Bernard Carr fu compagno di Stephen Hawking negli studi per la laurea. Accompagnò inoltre la famiglia Hawking al California Institute of Technology nel 1974, dove continuò ad assistere Stephen. Oggi insegna fisica ai college Queen Mary e Westfield dell'Università di Londra.

Le singolarità si manifestano in due contesti: si verificano al centro dei buchi neri, come è stato dimostrato da Roger Penrose; ma possiamo anche mostrare che deve esserci stata una singolarità anche all'inizio dell'universo e questo è quanto hanno dimostrato insieme Hawking e Penrose.

Se la relatività classica viene meno in corrispondenza delle singolarità, l'interrogativo è: che cosa succede? Ci si potrebbe anche fermare qui dichiarando che si rinuncia perché sappiamo che la teoria viene meno, ma naturalmente scoprirlo è proprio lo scopo della gravità quantistica.

L'osservazione di galassie lontane ci indica che si stanno allontanando da noi, che l'universo è in espansione. Ciò implica che le galassie devono essere state molto più vicine fra loro in passato. Allora sorge un interrogativo: c'è stato un tempo nel passato in cui tutte le galassie erano una sopra l'altra e la densità dell'universo era infinita? O c'è stata una precedente fase di contrazione, durante la quale le galassie sono riuscite a evitare di urtarsi a vicenda? Forse si sono sfiorate incrociandosi e cominciando ad allontanarsi nella direzione opposta. Per rispondere al quesito erano necessarie nuove tecniche matematiche. Esse furono sviluppate fra il 1965 e il 1970 principalmente da me e Roger Penrose. Abbiamo impiegato queste tecniche per mostrare che in passato deve essere esistito uno stato di densità infinita, se la teoria generale della relatività è corretta.

Questo stato di densità infinita è chiamato la singolarità del big bang. Sarebbe l'inizio dell'universo. Tutte le leggi conosciute dalla scienza verrebbero meno in corrispondenza di una singolarità. Ciò significherebbe che, se la relatività generale è corretta, la scienza non sarebbe in grado di predire come avrebbe inizio l'universo. Tuttavia, il mio lavoro più recente suggerisce che sia possibile predire come dovrebbe cominciare l'Universo servendosi della teoria della meccanica quantistica, la teoria del molto piccolo.

KIP THORNE

Negli anni Cinquanta e anche in precedenza la relatività generale era soprattutto un ramo della matematica. Fu principalmente John Wheeler a Princeton a introdurla nella fisica. Un fisico si interroga sul mondo reale, si pone domande come: qual è la natura delle particelle elementari, che cosa c'è sotto di esse? Le persone che invece avevano dominato la relatività generale nei decenni precedenti si ponevano tipicamente interrogativi sulla possibilità di derivarne con un metodo matematico rigoroso le leggi che governano il moto di particelle teoriche in uno spazio-tempo incurvato; interrogativi motivati in gran parte dal desiderio di giungere a una profonda comprensione matematica della struttura della teoria, ma che non si proponevano di arrivare al cuore della natura dell'universo.

Gli anni Cinquanta rappresentano perciò un periodo di fondamentale mutamento nel modo in cui la gente pensava lo spazio-tempo incurvato, con un progressivo allontanamento dell'interesse generale dalla struttura della matematica verso una riformulazione in chiave fisica. Ciò fu fatto grazie a Wheeler: c'è stato chi lo ha definito «il Pifferaio dei buchi neri» per l'entusiasta, contagiosa convinzione che in tutta la fisica non esistesse argomento più emozionante, che il buco nero fosse il luogo dove avrebbe sognato di trovarsi chiunque avesse veramente desiderato capire l'universo e le leggi fondamentali della fisica.

Più o meno in quello stesso periodo Johnnie tenne a Cambridge delle conferenze che ebbero una grande influenza su alcuni dei ricercatori del gruppo di Dennis Sciama e, fra gli altri, su Stephen Hawking. Hawking ha uno straordinario intuito nel giudicare che cosa è importante in fisica e la sua influenza nel convincerci che nei buchi neri si celavano le risposte più importanti fu fondamentale per la storia di questo argomento.

John Wheeler, curatore, co-autore o autore di otto libri, è professore emerito all'Università del Texas a Austin e all'Università di Princeton, è stato insignito di lauree ad honorem in sedici università e ha il merito di aver coniato, nel 1969, il termine «buco nero».

JOHN WHEELER

Nel 1969 ci fu il convegno all'Istituto di fisica spaziale in Amsterdam Avenue a New York. Io dissi che prima di giungere a una conclusione finale avevamo un altro oggetto ancora da gettare nella mischia, un oggetto che avesse subito un collasso gravitazionale totale. Ebbene, dopo che si è pronunciata per una decina di volte un'espressione come «oggetto che ha subito un collasso gravitazionale totale», era inevitabile concludere che c'era bisogno di un nome migliore. Fu allora che passai a chiamarlo «buco nero».

BRANDON CARTER

Fu Oppenheimer il primo a cominciare a pensare alle implicazioni e alle formulazioni di quello che vent'anni dopo sarebbe stato chiamato «buco nero». Ma fu solo negli anni Cinquanta che si cominciò a seguire questa direzione nella ricerca scientifica. John Wheeler rappresenta certamente una chiave di volta nella nuova costruzione e, sul versante inglese, una personalità chiave fu quella di Dennis Sciama, mio supervisore e supervisore di Stephen Hawking. Dennis ebbe in Inghilterra un ruolo analogo a quello di Wheeler: suscitò l'interesse degli altri. Uno di coloro che lo ascoltarono fu Roger Penrose. Il ruolo specifico di Penrose è stato l'uso di molti metodi matematici moderni, topologia avanzata e geometria differenziale, per la soluzione di problemi che un matematico puro non avrebbe saputo come affrontare.

Brandon Carter è nato in Australia e ha studiato in Scozia prima di completare gli studi superiori al Pembroke College di Cambridge. Ha continuato a studiare e insegnare al Dipartimento di matematica applicata e fisica teorica (DAMTP, Department of Applied Mathematics and Theoretical Physics) a Cambridge fino al 1975, quando andò a lavorare per il Centre National de la Recherche Scientifique in Francia. Dal 1986 è direttore della ricerca all'Osservatorio di Parigi.

Tutto cambiò dopo l'introduzione dell'espressione «buco nero». Finché non c'era stato un nome accettato da tutti, era difficile comunicare non solo con persone di altri campi del sapere, ma persino con gli specialisti del settore. Per mancanza di un nome comunemente accettato, capitava che gruppi di ricercatori lavorassero agli stessi problemi senza saperlo.

Tutto cambiò in maniera decisiva quando John Wheeler inventò la nuova definizione. Non era il primo tentativo, si era provato con altri termini, che però non avevano attecchito. Il momento magico è quando qualcosa di nuovo s'impone a tutti e infatti tutti adottarono la nuova espressione e da quel momento in avanti, in tutto il mondo, a Mosca, in America, in Inghilterra e dappertutto, tutti sapevano che stavano parlando della stessa cosa. E non solo: a un tratto tutta la gamma di concetti e congetture sull'argomento si diffuse tra il grande pubblico e ne parlarono persino gli scrittori di fantascienza.

John Wheeler

Gli amici mi interrogavano sul «nero» del buco: come si faceva a vederlo? E io rispondevo: Siete mai stati a un ballo? Avete presente i ragazzi in smoking nero e le ragazze in abito bianco che piroettano abbracciati? Poi le luci si abbassano e vedete solo le ragazze. Ecco, la ragazza è la stella comune e il ragazzo è il buco nero. Non si riesce a vedere il buco nero più di quanto si veda il ragazzo, ma la ragazza che gli gira intorno vi dà una prova convincente della presenza di qualcosa che la trattiene in orbita.

Stephen Hawking

Cadere in un buco nero è diventato uno degli orrori della fantascienza. Si può invece affermare che ormai i buchi neri sono certamente argomento di realtà scientifica.

Dove naturalmente si sbizzarriscono di più gli scrittori di fantascienza è su che cosa potrebbe accadere precipitando in un buco nero. Una delle ipotesi più comuni è che, se il buco nero è in rotazione, si potrebbe cadere attraverso un piccolo buco nello spazio-tempo per uscire in un'altra regione dell'universo. Questa è naturalmente una prospettiva fra le più allettanti per l'eventualità di viaggi nello spazio. In effetti avremmo bisogno di qualcosa del genere se raggiungere altre stelle, per non parlare di altre galassie, dovesse diventare un'ipotesi praticabile nel futuro. Infatti l'impossibilità per qualsiasi oggetto di viaggiare più veloce della luce comporta che il viaggio di andata e ritorno dalla stella più vicina richiederebbe come minimo otto anni. E questo giusto per un breve weekend su Alpha Centauri. D'altra parte, se fosse possibile passare attraverso un buco nero, si potrebbe riemergere in chissà quale altro punto dell'universo. Non è molto chiaro ancora come si potrebbe sceglierc la destinazione: ci sarebbe il rischio di prepararsi per una vacanza nella costellazione della Vergine e finire nella nebulosa del Granchio.

Mi dispiace deludere gli aspiranti turisti delle galassie, ma questa ipotesi non regge: chi volesse saltare in un buco nero finirebbe disintegrato e spazzato via dall'esistenza. Resta tuttavia che in un certo senso le particelle di cui è composto il corpo proseguirebbero il viaggio per giungere in un altro universo. Non so però se sapere che le proprie particelle potrebbero sopravvivere altrove sia di grande consolazione per qualcuno trasformato in uno spaghetto in un buco nero.

JOHN TAYLOR

John Taylor è professore di matematica al King's College di Londra. Ha compiuto molte ricerche sui buchi neri negli anni Settanta ed è autore di un best-seller sull'argomento. Di recente ha abbandonato gli studi di cosmologia per dedicarsi a ricerche sui sistemi neurali.

Una persona che cadesse in un buco nero, se fosse un buco nero molto grande, diciamo costituito da materia delle dimensioni della nostra galassia, cosicché avrebbe un orizzonte degli eventi di un raggio pari a quello del sistema solare, passerebbe attraverso l'orizzonte degli eventi senza sentire niente, senza accorgersene. Poi, dopo una settimana di caduta, comincerebbe a sentire il fastidio fisico, allungandosi sempre di più e diventando sempre più magro; poi naturalmente comincerebbe a sentirsi schiacciato fino a diventare molto lungo e molto magro e molto poco felice. Alla fine delle due settimane sarebbe arrivato al centro e sarebbe morto. È questo, naturalmente, il problema del collasso gravitazionale.

Ma che cosa succede al centro? Al centro, la gravità standard, con l'aggiunta di un pizzico di materia classica, ti dice che scompariresti. È assurdo. È terribile: si distruggerebbe l'intera struttura del modello in base al quale sono state fatte queste stesse predizioni.

Mi è stato chiesto una volta di fare da giuria per l'assegnazione di un premio per un tema su come cadere in un buco nero e sopravvivere. Il problema era su quale base assegnare il premio. Se avessi detto: «Be', quello mi sembra un buon tema», l'unico modo per dimostrare che era vero sarebbe stato di condurre l'esperimento e cadere in un buco nero. Poi, però, una volta caduto dentro (e immagino che il giudice avrebbe portato con sé la persona che aveva scritto il tema), il problema sarebbe stato: come lo si racconta al resto del mondo? Bisogna portare con sé il premio da consegnare? E che cosa se ne fa il vincitore quando arriva al centro?

La verità è che il concetto classico di gravità e materia porta dentro di sé il seme della propria distruzione, in quanto la materia in caduta nel centro di un buco nero scomparirebbe all'improvviso. Ora, quando viene fortemente compressa, forse nell'ultimo milionesimo di miliardesimo di miliardesimo di miliardesimo di miliardesimo di miliardesimo di miliardesimo di secondo, in quel preciso istante, e da lì in avanti, può essere che la natura del tempo e dello spazio siano considerevolmente mutati. Cosicché per sondare quell'ultimo istante brevissimo è necessario usare gli effetti che si verificano in presenza di energie molto alte, perché quando tutta la materia viene incanalata e collassa, si riscalda mentre si comprime sprigionando energie molto alte e in pratica si replica l'inizio dell'universo intero, si ritorna a uno stato molto collassato.

E per descrivere questo stato, abbiamo bisogno di effetti quantistici, quegli effetti dell'indeterminazione che potrebbero permetterti di evitare di scomparire davvero. Ora, esistono diverse spiegazioni, fra le quali ce n'è una che potrebbe anche essere valida e che potrebbe risparmiarci il problema della causa prima. L'ipotesi è che, tornando indietro verso l'inizio del big bang, ovvero cadendo verso il centro di un buco nero, il tempo prosegua, quello di un oro-

Il tempo in un buco nero. L'orologio non arriva mai a indicare la mezzanotte e nessuno raggiunge mai il centro del buco.

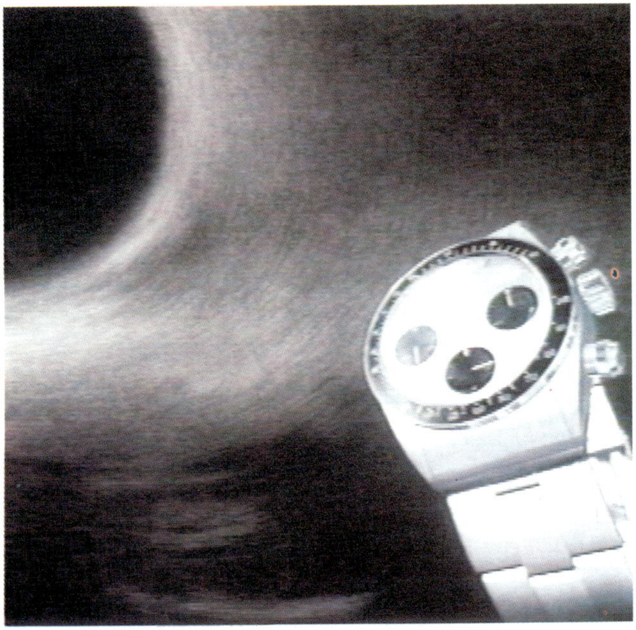

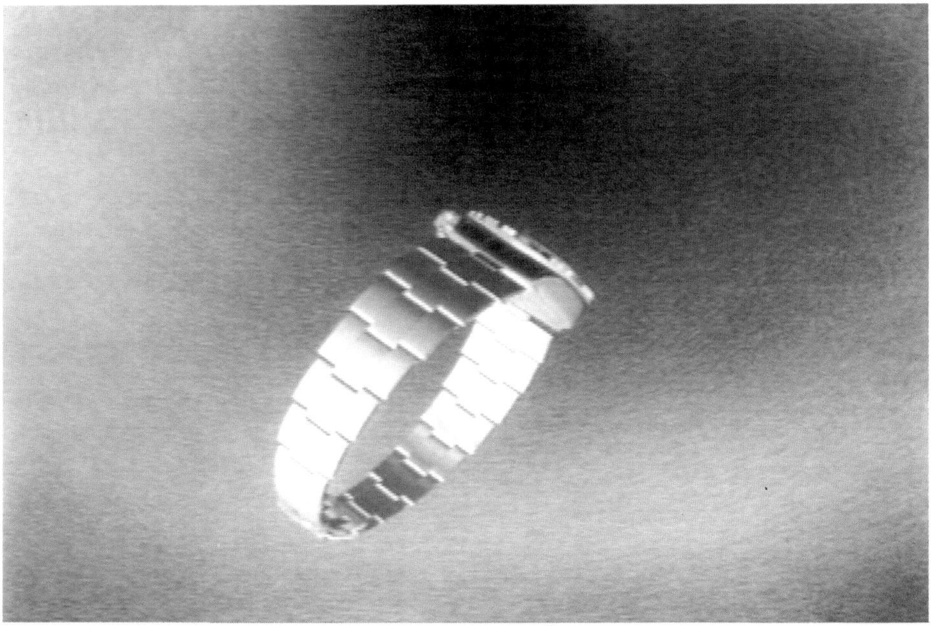

logio da polso che naturalmente è stato distrutto, come del resto, lo dico con rammarico, anche il polso stesso; continuerebbero a svolgersi attività e il tempo è attività. Ora, avvicinandosi sempre di più al centro, può darsi che il tempo dell'attività si dilati, perciò non deve più trascorrere un milionesimo di miliardesimo di miliardesimo di miliardesimo di miliardesimo di miliardesimo di miliardesimo di secondo, perché l'istante si allunga e si prolunga di conseguenza il viaggio a ritroso, o la caduta all'ingiù verso il centro di un buco nero, e non si arriva mai veramente al centro perché subentrano sempre nuove attività. Pensiamo a una cipolla con un numero infinito di strati, che voi togliete a uno a uno; potete togliere ciascuno strato solo in un tempo finito e state cercando di raggiungere il centro di questa cipolla.

A ogni strato che togliete, si verifica una nuova attività, e diciamo che potete toglierne uno per secondo. Cadere in un buco nero potrebbe essere qualcosa del genere. Molto probabilmente è così secondo me all'inizio dell'universo. Nel caso specifico, se c'è sempre attività procedendo a ritroso, non c'è mai stato un inizio, perciò il tempo si è allungato in continuazione e non c'è mai stata una causa prima. La ragione per la quale noi ci interroghiamo sulla possibilità di una causa prima è che non ci va che il tempo sia cambiato così enormemente in quell'ambiente così strano, così bizzarro, ma è un aspetto che dobbiamo prendere in considerazione nella maniera appropriata.

Cadendo in un buco nero, ci si può ovviamente girare a guardare e si vedrebbero allora altri oggetti cadere all'interno e si noterebbero senz'altro distorsioni molto singolari. Se si riesce a evitare la singolarità si potrebbe cadere attraverso il buco nero fino a uscire in un altro universo. Questo universo che sta al di là dovrebbe essere una copia del nostro fino a un certo punto, ma non c'è modo di sapere se nei particolari la sua evoluzione sia uguale alla nostra.

Si potrebbe per esempio ipotizzare di non ritrovare la propria stella, il proprio pianeta, la propria specie; potrebbero esserci ambienti completamente diversi. C'è sicuramente da perdere la testa a cercare di pensare a che cosa potrebbe succedere in quegli universi alternativi.

BRANDON CARTER

Prima di perdere di vista il mondo esterno, si vedrebbero accadere delle cose, e a un ritmo così turbinoso da sembrare fuochi artificiali. La frustrazione sorgerebbe dal fatto che, pur essendo in grado di vedere tutto ciò che avviene nel futuro, gli avvenimenti sarebbero così veloci che, da un punto di vista scientifico, non avremmo il tempo di analizzarli. Non potremmo capirli e a un certo punto tutto avverrebbe così rapidamente e in maniera così esplosiva che l'osservatore stesso sarebbe distrutto dall'esplosione. Sarebbe un modo molto emozionante per mettere fine alla propria vita. Sarebbe il modo che sceglierei io, se potessi.

STEPHEN HAWKING

Poco tempo dopo la nascita di mia figlia Lucy, una sera mi ero messo a pensare ai buchi neri mentre mi accingevo a coricarmi. Per il mio male, mettermi a letto richiede molto tempo, perciò avevo molto tempo per pensare. A un tratto mi resi conto che l'area dell'orizzonte degli eventi aumenta con il passare del tempo. Ero così emozionato per quella scoperta che quella notte dormii molto poco. L'aumento dell'area dell'orizzonte degli eventi suggeriva che un buco nero avesse una quantità chiamata entropia che misurava l'ammontare di disordine in esso contenuto; e se aveva un'entropia, doveva avere una temperatura. Tuttavia, se si arroventa un attizzatoio nel fuoco, dopo un po' diventa rosso ed emette radiazioni, mentre un buco nero non può emettere radiazioni, perché nulla può sfuggire a un buco nero.

Dennis Sciama

Il famoso articolo di Stephen Hawking sulle radiazioni dei buchi neri risale al 1974. Era accaduto che un fisico israeliano di nome Jacob Bekenstein aveva notato un paio d'anni prima certe curiose proprietà dei buchi neri che li facevano somigliare a sistemi termodinamici. Bekenstein aveva ipotizzato che i buchi neri avessero una temperatura e un'entropia esattamente come qualunque corpo caldo, con una temperatura inversamente proporzionale alla massa del buco nero. Ciò avrebbe significato che un buco nero di bassa massa sarebbe stato più caldo di un buco ne-

Jacob D. Bekenstein è stato allievo di John Wheeler all'Università di Princeton. Ha insegnato per molti anni all'Università Ben Gurion di Beersheba, in Israele, ed è ora all'Istituto di fisica Racah dell'Università ebraica di Gerusalemme.

ro pesante e che l'entropia sarebbe stata proporzionale all'area dell'orizzonte del buco nero.

La termodinamica è quella branca della fisica che si occupa delle relazioni fra calore ed energia. Il secondo principio della termodinamica è forse il più noto. Afferma che l'entropia, o il disordine, di un sistema isolato aumenta sempre: dopo che un uovo è caduto per terra e si è rotto, non è probabile che riassuma mai la sua forma originaria.

STEPHEN HAWKING

La relatività generale è quella che viene definita una teoria classica. Predice che una particella in moto ha una singola traiettoria ben definita. Secondo la meccanica quantistica, l'altra grande teoria del ventesimo secolo, c'è un elemento di probabilità e d'incertezza. Mentre mi trovavo in visita a Mosca nel 1973, discussi l'effetto della meccanica quantistica sui buchi neri con Jakov Zel'dovič, il padre della bomba all'idrogeno sovietica. Poco dopo feci la mia scoperta più sorprendente. Trovai che delle particelle sarebbero sfuggite all'orizzonte degli eventi allontanandosi dal buco nero.

Sciama fu la prima persona a cui lo dissi, ma mi accorsi ben presto che ormai la frittata era fatta. Roger Penrose mi telefonò mentre ero seduto a tavola a festeggiare il mio compleanno.

Era tutto eccitato e mi attaccò un tale bottone che mi si freddò la cena. Peccato, perché era oca, un piatto che mi piace molto.

John Wheeler

Un giorno entrò nel mio ufficio Jacob Bekenstein. «Jacob», gli dissi, «mi turba sempre il pensiero che quando avvicino una tazza di tè caldo a una tazza fredda, aumento il disordine dell'universo permettendo al calore di passare da una tazza all'altra e commetto un crimine che echeggerà per i corridoi del tempo per tutta l'eternità. Ma, Jacob, se mi passasse accanto un buco nero e io ci buttassi dentro tutte e due le tazze, nasconderei la prova del mio crimine, non è vero?»

Jacob mi guardò perplesso e quando tornò più tardi, mi disse: «No, non avresti nascosto la prova del tuo crimine. Il buco nero registra quello che ti è successo. Il buco nero aumenterebbe la sua entropia, il suo grado di disordine, e in questo porterebbe la prova del tuo reato per sempre».

Bekenstein diede un valore approssimativo di quanto disordine è contenuto in un buco nero. Stephen Hawking e Brandon Carter lessero il risultato indicato da Bekenstein e ne furono molto sconcertati, al punto da mettersi al lavoro per dimostrarne l'infondatezza. Ma più lo studiavano, più si trovavano a concordare con la sua conclusione. Stephen Hawking si spinse più in là e mise a punto uno schema per capire come le particelle potessero uscire dal buco nero; e la sua temperatura non era una temperatura teorica, ma una temperatura alla quale le particelle sarebbero effettivamente evaporate dal buco nero.

Un buco nero non è del tutto nero. Un buco nero di massa pari a quella del sole potrebbe avere una temperatura di un milionesimo di grado sopra lo zero assoluto. Una bazzecola, ma pur sempre una temperatura.

Stephen Hawking

In un articolo che scrissi con Brandon Carter, sottolineammo un difetto fatale nell'idea di Bekenstein. Se i buchi neri hanno un'entropia, devono avere una temperatura. E se hanno una temperatura, devono emettere radiazioni. Ma come fanno a emettere radiazioni se nulla può sfuggire a un buco nero? Devo ammettere che fui spinto a scrivere quell'articolo anche dall'irritazione che mi aveva provocato Bekenstein, il quale secondo me aveva usato male la mia scoperta dell'aumento dell'area dell'orizzonte degli eventi. Risultò alla fine che fondamentalmente aveva ragione lui, anche se in una maniera che certamente non si era aspettato.

Dennis Sciama

Dapprincipio Hawking riteneva che queste analogie con la termodinamica fossero solo una curiosità. Bekenstein sosteneva che fossero autentiche proprietà termodinamiche. Si può però seguire l'evoluzione del pensiero di Stephen

La rappresentazione di un collasso stellare. Una stella che ha bruciato la maggior parte del suo carburante finirebbe per condensarsi in una sfera di pochi chilometri di diametro.

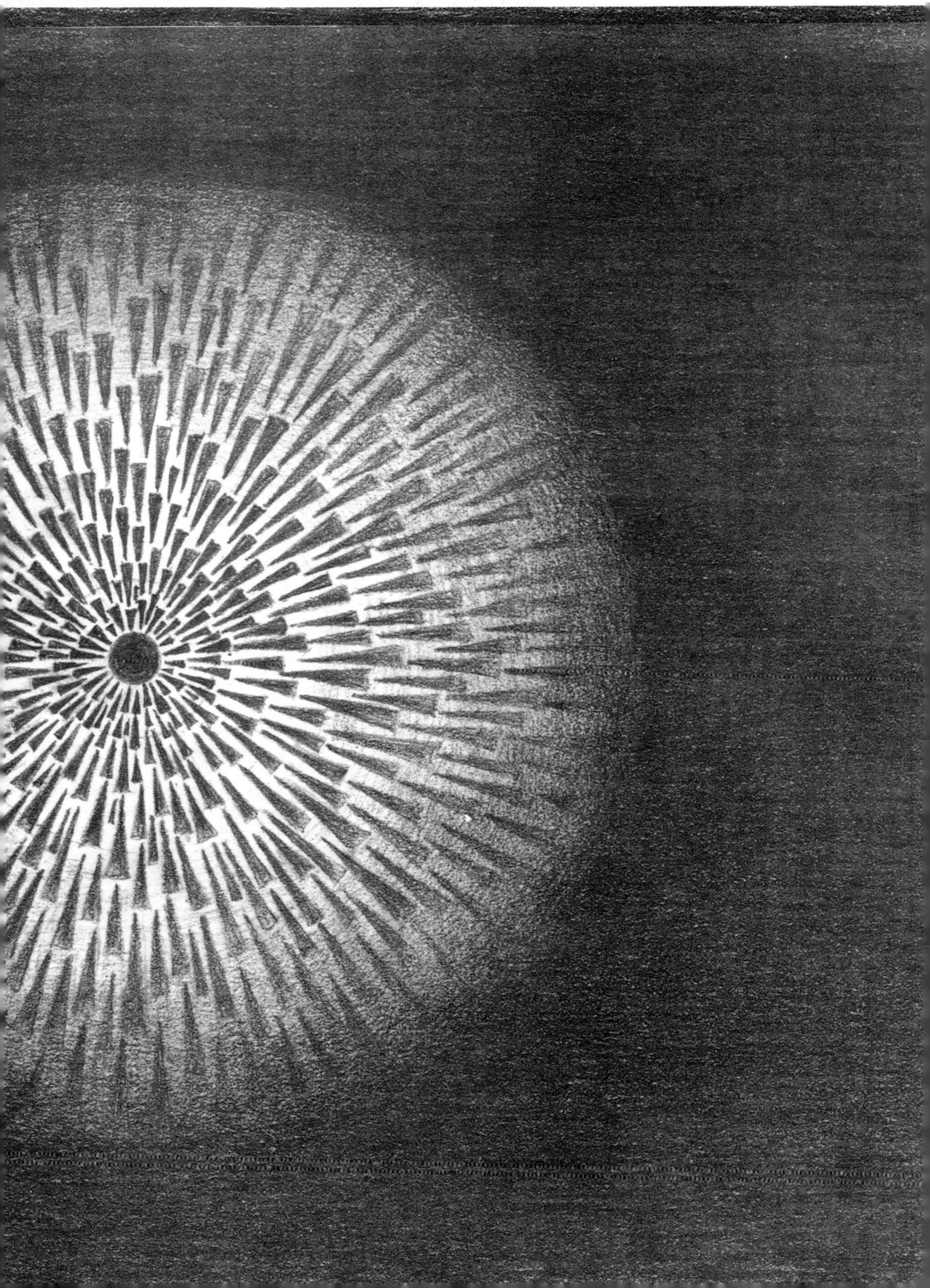

Hawking, perché nel 1973 scrisse un articolo molto importante con Jim Bardeen e Brandon Carter, esplicitamente intitolato *The Four Laws of Black Hole Mechanics*, «Le quattro leggi della meccanica dei buchi neri», non «I quattro princìpi della termodinamica dei buchi neri». Esplorarono le analogie ma sottolinearono che non si trattava di termodinamica autentica e avevano buoni motivi per sostenerlo: all'epoca si riteneva che un buco nero caldo comunque non potesse emettere radiazioni e se un corpo caldo non può irradiare, non c'è più spazio per la termodinamica, non c'è più niente da fare. Pertanto quelle analogie erano solo superficiali.

Questo avveniva nel 1973. Poi, in un momento imprecisato fra il 1973 e il 1974, Hawking si stava interessando di ciò che sarebbe successo introducendo effetti di meccanica quantistica nella regione intorno a una stella che stesse collassando. Grazie a calcoli complicati, che per me sono un vero miracolo per quanto sono complessi e ingarbugliati, scoprì che nel campo gravitazionale in mutamento della stella che collassa ci sarebbe stata una radiazione.

Be', chiunque si sarebbe aspettato che, quando un campo muta, nella meccanica quantistica ci sono particelle che vengono create e irradiate. Il fatto inaspettato che emerse da questo calcolo è che alla fine del collasso, quando la stella si avvicina alla condizione di buco nero, cioè quando diventa così compatta che le radiazioni non possono più uscire dal buco nero, almeno in senso classico, c'è una radiazione residua e questa radiazione residua ha uno spettro termico caratterizzato dalla temperatura del buco nero, come aveva previsto Bekenstein. Questa fu la scoperta fondamentale.

Ricordo che, mentre mi trovavo in visita a Cambridge nei primi mesi del 1974, trovai Martin Rees, tutto tremante di emozione.

Martin Rees è un collega di Stephen Hawking, che oggi lavora all'Istituto di astronomia di Cambridge.

«Hai sentito?» mi disse. «Hai sentito che cosa ha scoperto Stephen? È tutto diverso, è tutto cambiato!»

«Cos'è successo?» cercai di sapere io, e Rees mi spiegò che i buchi neri non sono neri, perché, con questo effetto di meccanica quantistica, irradiano come i corpi caldi. Ciò introduceva una nuova unificazione di termodinamica, relatività generale e meccanica quantistica che avrebbe cambiato la nostra comprensione della fisica.

In seguito Stephen venne a una riunione che anch'io stavo contribuendo a organizzare al Laboratorio Rutherford, vicino a Oxford, e lasciò tutti costernati. Mi ricordo qualcuno che saltò in piedi ed esclamò: «Devi esserti sbagliato, Stephen. Non credo a una sola parola di ciò che dici!».

John Taylor

Ho affermato una volta di non essere contento della spiegazione che veniva data nei termini della creazione di particelle di energia negativa. Ma credo che ciò faccia parte della controversia della scienza. Deve esserci una dinamica di dare e avere. E io sono felice di poterne far parte. È per questo che è così divertente. Vedete, se ci si limita a dire: «Oh, che bello» ogni volta che si ha qualche problema che ti assilla, non si rende un buon servizio alla scien-

John Taylor è lo scienziato che si dichiarò contrario.

La radiazione di Hawking. Lo spazio è pieno di coppie di particelle e antiparticelle; in presenza di un buco nero, può darsi che una particella vi cada dentro abbandonando la sua compagna che, rimasta sola, appare come radiazione emessa dal buco nero.

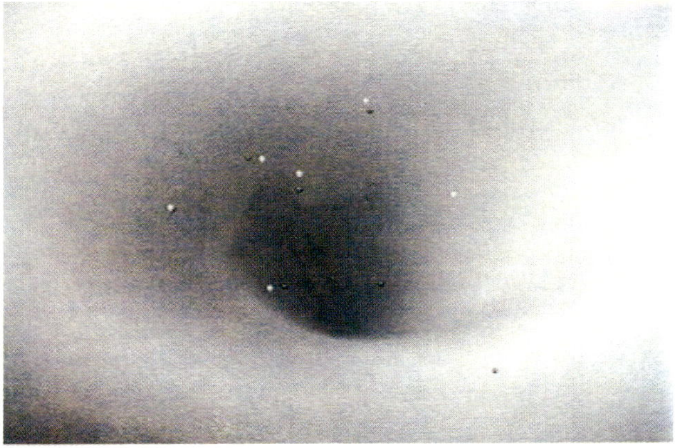

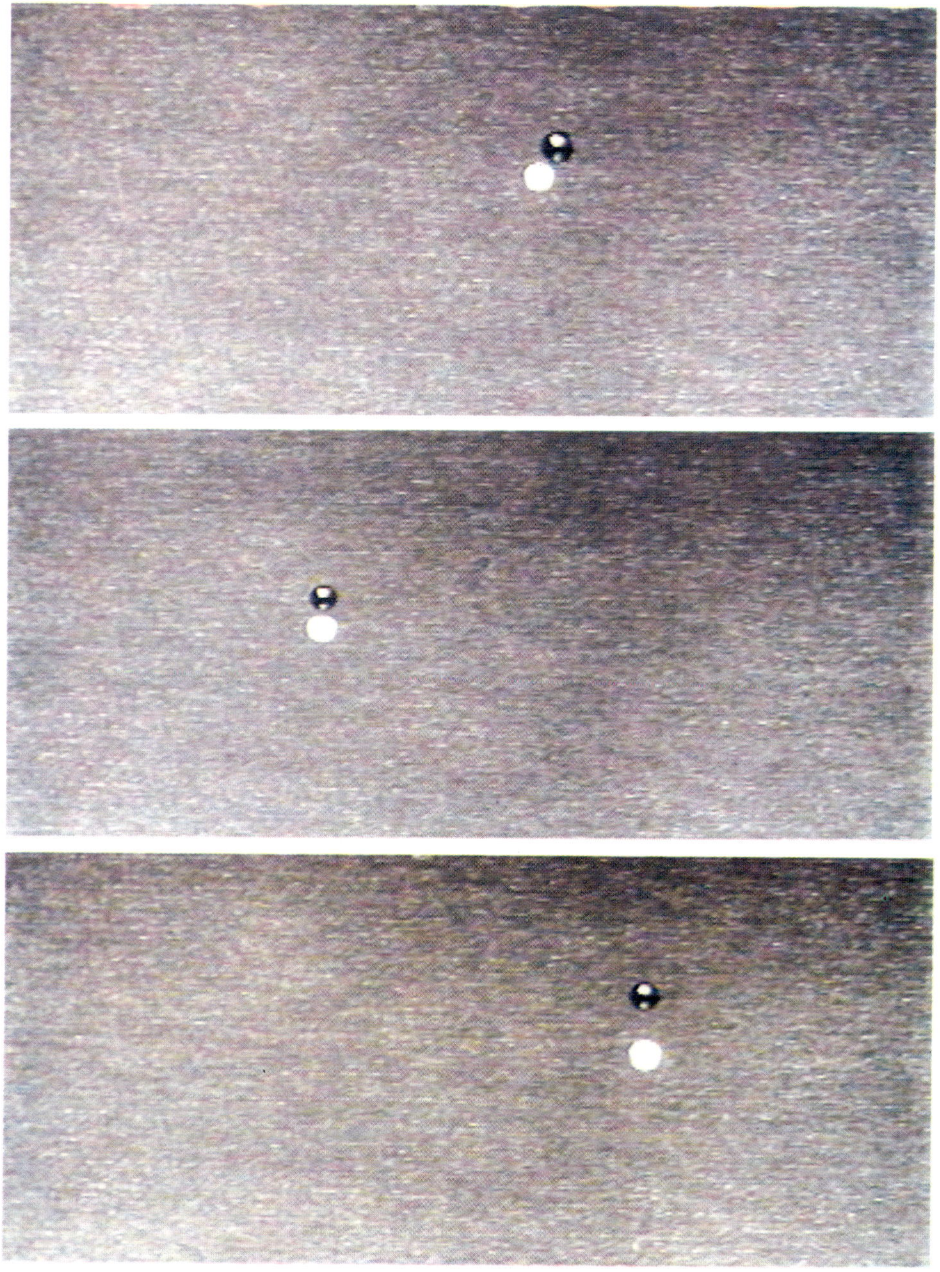

za. Comunque io non sono stato ostile alla teoria, se non quella volta in cui misi in dubbio le sue affermazioni.

STEPHEN HAWKING

Io ancora non ci credevo completamente. Infine mi convinsi che i buchi neri irradiavano quando trovai un meccanismo grazie al quale poteva accadere. Secondo la meccanica quantistica, lo spazio è pieno di particelle e antiparticelle virtuali che si materializzano costantemente in coppie, si separano e si riuniscono e si annichilano a vicenda. In presenza di un buco nero, può succedere che una particella di una coppia di particelle virtuali cada nel buco lasciando l'altra senza una partner con la quale annichilarsi. La particella abbandonata appare come una radiazione emessa dal buco nero. La meccanica quantistica ha permesso a una particella di sfuggire a un buco nero, una cosa che la teoria generale della relatività di Einstein non permetteva.

Una particella virtuale, per la meccanica quantistica, è una particella che non può mai essere osservata direttamente, ma la cui esistenza ha effetti misurabili.

Ogni tipo di particella di materia ha una corrispondente antiparticella. Quando una particella collide con la sua antiparticella, si annichilano a vicenda, lasciando solo energia.

Einstein non ha mai accettato la meccanica quantistica per l'elemento di probabilità e incertezza che conteneva. «Dio non gioca ai dadi», diceva. Sembra che Einstein abbia avuto doppiamente torto. Gli effetti della meccanica quantistica sui buchi neri mostrano non solo che Dio gioca ai dadi, ma che qualche volta li lancia dove non li si può vedere.

DENNIS SCIAMA

Jakov Zel'dovič, il famoso astrofisico e cosmologo russo, fu un altro di quelli che non vollero crederci, ma nel giro di pochi mesi fu evidente che le argomentazioni erano fondate. A parte il clamore per la scoperta del tutto inaspettata, i calcoli originali furono molto complicati e l'effetto ne emerse come una specie di piccolo residuo di un fenomeno più grande. Come spesso avviene in fisica, una volta avuta l'idea, la discussione che ne deriva viene per così dire ripulita finché l'idea risulta più trasparente. Dopo qualche mese tutti furono concordi nell'affermare che l'idea era valida e che cambiava in maniera radicale la nostra comprensione della fisica.

Cygnus X-1 è una sorgente di raggi X che si trova a seimila anni luce dalla terra e, secondo molti scienziati, contiene un buco nero. Si pensa che un altro buco nero esista nella Grande Nube di Magellano, una galassia visibile solo nell'emisfero australe.

Un buco nero primordiale è un buco nero creato quando l'universo era molto giovane.

Il fatto che questo effetto Hawking di emissione di radiazioni dai buchi neri non sia stato provato con l'osservazione non è per la verità colpa di Hawking stesso. Più semplicemente il problema è che nel caso dei buchi neri che si creano naturalmente, come potrebbe essere quello di Cygnus X-1, l'effetto potrebbe essere troppo debole per essere rilevabile.

Un brillante tentativo di cercare effetti osservabili Hawking lo fece quando suggerì in una serie di lavori molto interessanti la possibile esistenza di buchi neri primordiali di massa ridotta.

Più è alta la temperatura di un buco nero, minore è la massa; e naturalmente più è alta la temperatura di un buco nero, più è potente

Una rappresentazione del buco nero di Cygnus X-1. Si ritiene che Cygnus X-1 possa essere costituita da un buco nero e da una stella normale che orbitano l'uno intorno all'altra. Via via che la materia si stacca dalla superficie della stella visibile e cade nel suo invisibile compagno in un moto a spirale, si surriscalda ed emette raggi X.

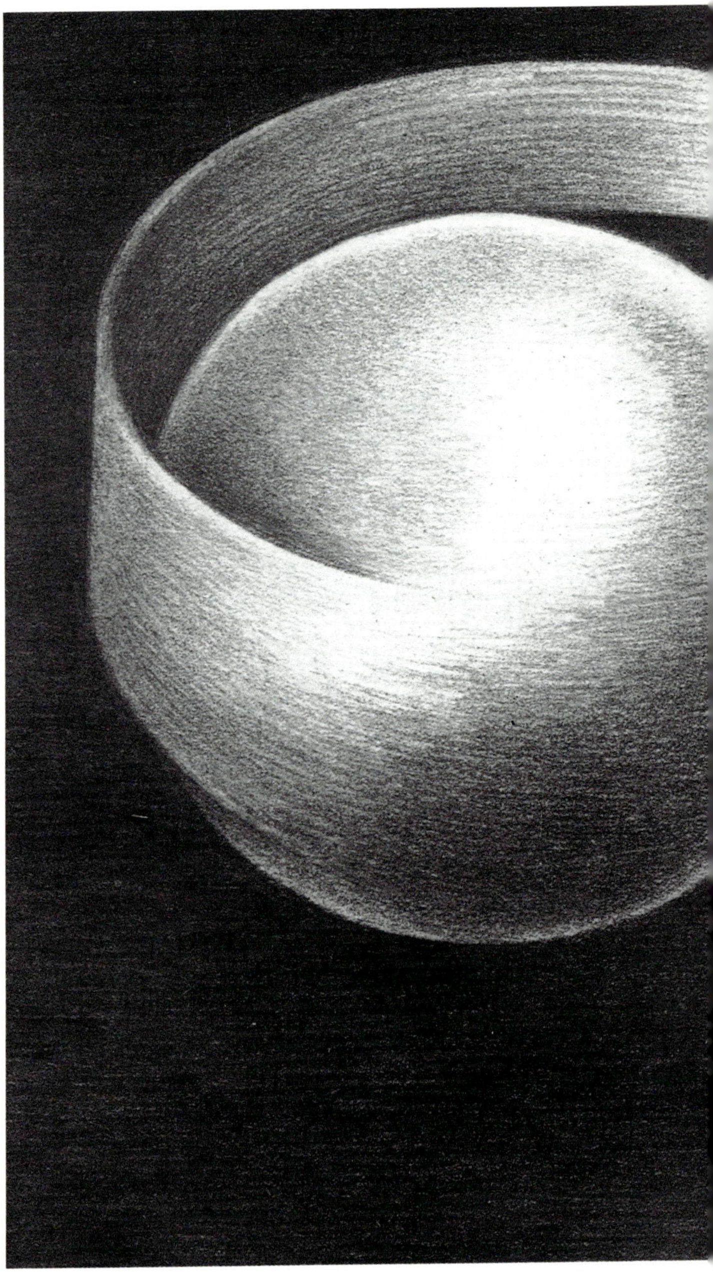

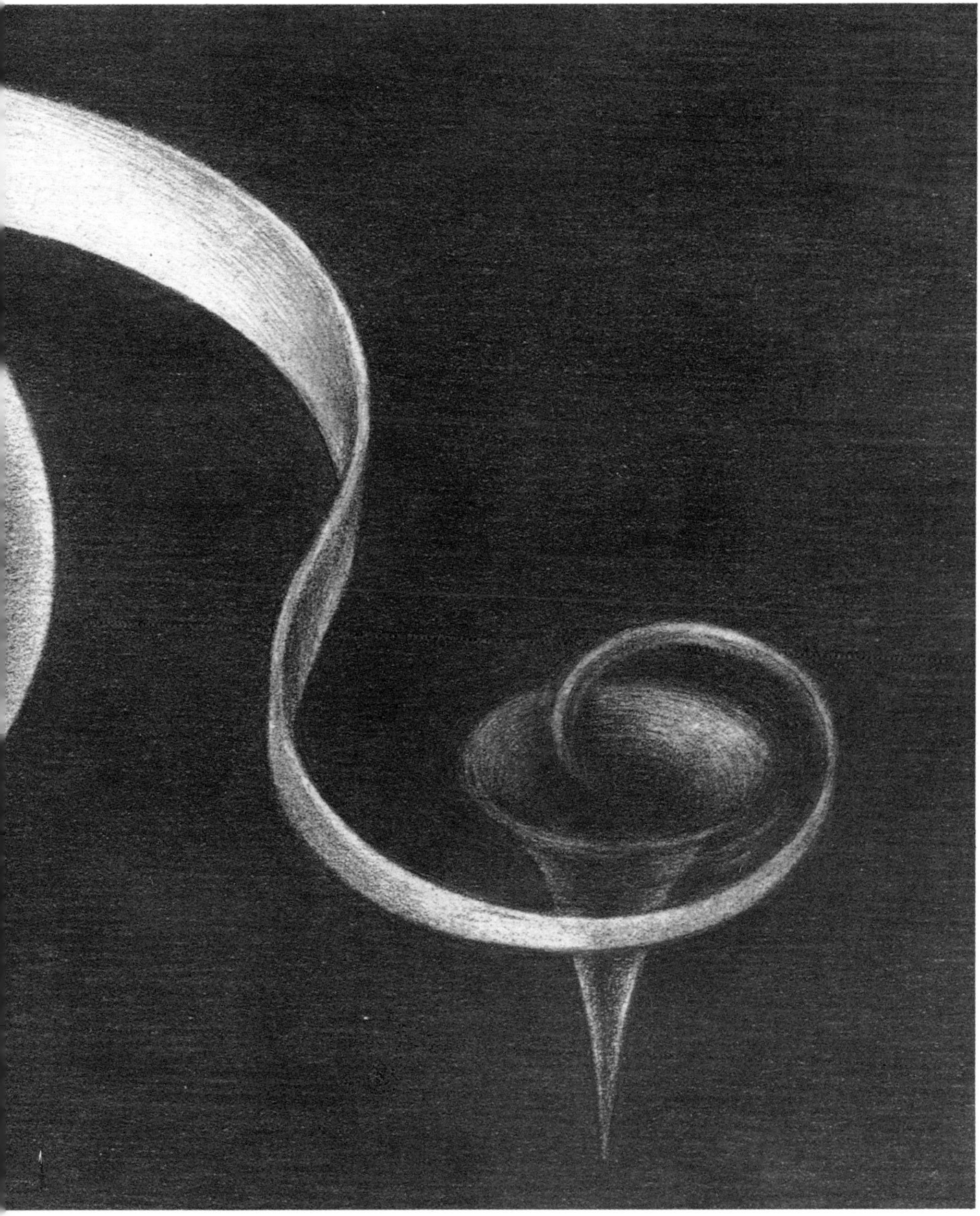

la radiazione che ne scaturisce. E nell'irradiare e nel perdere massa, il buco nero diventa più caldo e l'irradiamento è più veloce, cosicché il prodotto finale sarebbe una violenta esplosione. In effetti Hawking calcolò che una simile esplosione avrebbe una violenza ancora ignota alla scienza umana, a meno di prendere a riferimento il big bang all'origine dell'universo stesso.

La domanda è questa: quanto tempo richiede questo processo? Ebbene, avendo un buco nero con massa pari a quella del sole e pensando che cominci a irradiare ora, allora il tempo che impiegherebbe prima di esplodere così violentemente sarebbe un tempo più lungo dell'età attuale dell'universo di qualcosa come sessanta potenze del dieci o un numero altrettanto ridicolmente grande. Ma un buco nero che avesse la massa di una piccola montagna esploderebbe in un tempo più o meno analogo all'età dell'universo.

Dunque Hawking disse che forse dei buchi neri primordiali formatisi agli inizi dell'universo, con massa di quest'ordine di grandezza, stanno esplodendo adesso e noi possiamo cercare quelle esplosioni nei raggi gamma e forse nelle onde radio. Ci fu allora un momento di grande ottimismo nelle ricerche di raggi gamma provenienti da buchi neri in esplosione per via di fenomeni chiamati *burst* di raggi gamma, la cui origine non è ancora ben compresa. Ora ne sappiamo abbastanza però da riconoscere che non sono i buchi neri in esplosione di Stephen.

Naturalmente il fatto che non ne siano stati osservati non significa che le sue idee sono sbagliate. Significa probabilmente che non si sono formati molti di questi buchi neri primordiali di massa così piccola. In ogni caso, questi effetti sono troppo deboli perché li si possa osservare tranquillamente in laboratorio e per questo motivo non possono essere dimostrati.

BERNARD CARR

Una volta John Wheeler disse che parlare della teoria di Stephen era come farsi rotolare una caramella sulla lingua. Lo stesso si può dire di molte altre scoperte determinanti in fisica. Vanno contro le convinzioni correnti, ma una volta assimilate hanno quel particolare sapore di verità.

KIP THORNE

L'antecedente alla scoperta della radiazione di Hawking fu un incontro fra Hawking e Zel'dovič al quale ero presente anch'io. Nel 1973 Stephen e Jane avevano deciso di recarsi in visita in Unione Sovietica. Poiché io sono un vecchio frequentatore di Mosca per aver condotto ricerche congiuntamente con fisici sovietici a partire dal 1968 ed esserci andato ripetutamente, mi invitarono ad accompagnarli e io accettai.

Zel'dovič era una delle persone che soprattutto Stephen desiderava incontrare e viceversa. Zel'dovič e Andrej Sacharov erano le due persone più decorate di tutta l'Unione Sovietica, alle quali si poteva aggiungere solo Brežnev, le cui decorazioni erano un po' ridicole. Zel'dovič e Sacharov erano stati i padri della bomba all'idrogeno sovietica, poi, agli inizi degli anni Sessanta, abbandonarono tutti e due le ricerche sulle armi nucleari e cominciarono a dedicarsi alla cosmologia, occupandosi di buchi neri e questioni relative.

Verso il 1969 Zel'dovič giunse alla conclusione che buchi neri rotanti dovessero emettere radiazioni e che queste radiazioni dovessero essere prodotte da un connubio, forse parziale, fra la relatività generale e la teoria quantistica. Ma Zel'dovič pensava che quando questo buco nero rotante emetteva la radiazione, la rotazione del buco nero ne sarebbe risultata rallentata e che di conseguenza la radiazione si sarebbe spenta. Quindi fondamentalmente la radiazione veniva prodotta dall'energia di rotazione del buco nero; proveniva dalla regione appena all'esterno dell'orizzonte e l'emissione della radiazione avrebbe fermato la rotazione del buco nero.

Zel'dovič mi disse nel 1969 che pensava che così fosse avvenuto ma che non conosceva abbastanza a fondo la relatività generale per poterlo dimostrare: la sua era solo un'intuizione. Secondo me era matto, così scommettemmo: lui scommise che calcoli precisi avrebbero infine dimostrato che così stavano le cose e io puntai sul risultato contrario.

Ebbene, quando tornai a Mosca nel 1973 con Stephen, pagai la scommessa con una bottiglia di White Horse perché era ormai evidente che buchi neri rotanti dovevano necessariamente emettere quella radiazione.

Ma Stephen ne era all'oscuro e quando Zel'dovič gli illustrò la sua idea, non trovò molto convincenti le sue spiegazioni. Io credo che volesse meditare a modo suo su quelle teorie.

Tornato a Cambridge, Stephen rifletté sull'argomento per qualche mese e si rese conto che anche buchi neri non rotanti avrebbero emesso radiazioni e pertanto un buco nero avrebbe potuto evaporare, una conclusione assai più radicale di quella a cui era giunto Zel'dovič, secondo cui potevano verificarsi emissioni di radiazione dall'energia di rotazione del buco nero.

Zel'dovič morì nel 1988. Era una persona davvero straordinaria. Era ebreo, una delle ragioni per cui non si recò in occidente fino all'avvento di Gorbačev, alla quale bisogna aggiungere la parte importante che aveva avuto nello sforzo per la creazione della bomba all'idrogeno. Non capiva la relatività generale, ma sapeva per intuito che un buco nero rotante sarebbe evaporato.

La sua intuizione non gli disse però che sarebbe evaporato anche un buco nero non rotante. La verità è che Zel'dovič fu l'ultima persona ad arrendersi sull'argomento. Due anni dopo che Stephen aveva dimostrato matematicamente che un buco nero non rotante doveva evaporare completamente, mi trovavo a Mosca e scoprii che non c'era un solo russo disposto a crederci. Perché? Perché non ci credeva Zel'dovič.

Tenni allora una serie di conferenze in diversi istituti e descrissi i calcoli originari di Stephen e anche una diversa versione da lui realizzata con Jim Hartle. Queste conferenze costrinsero Zel'dovič a rimettersi al lavoro con Aleksandr Starobinskij, un suo giovane e brillante studente, per rimeditare a modo loro su tutta quanta la questione.

La domenica sera prima della mia partenza

da Mosca, ricevetti una telefonata da Zel'dovič. «Venga a casa mia», mi disse. «Voglio parlarle.»

Io mi stavo sforzando di finire la stesura di un articolo che scrivevo con qualcun altro, ma quando Zel'dovič chiama, si va. Così fermai un automobilista di passaggio (poiché non ci sono taxi, a Mosca si fermano i comuni automobilisti) e mi feci accompagnare all'abitazione di Zel'dovič. Entrai, bussai alla sua porta e trovai che da lui c'era anche Starobinskij. Alzarono entrambi le mani. «Ci arrendiamo», dissero. «Hawking aveva ragione. Sbagliavamo noi.»

Stephen Hawking

La radiazione dei buchi neri ci ha mostrato che il collasso gravitazionale non è così definitivo come si era creduto. Se un astronauta cade in un buco nero, verrebbe restituito al resto dell'universo nella forma di radiazione. Perciò possiamo dire che in un certo senso sarebbe riciclato.

Sarebbe comunque una forma di immortalità di assai scarso valore, poiché nel momento in cui verrebbe disintegrato all'interno di un buco nero, andrebbe perso ogni concetto personale di tempo.

Kip Thorne

Nel 1975 scommettevo sulla fisica di continuo, e, fatta eccezione per il caso di Zel'dovič, vincevo sempre. Così scommisi contro Stephen che

La scommessa fra Stephen Hawking e Kip Thorne sul buco nero di Cygnus X-1.

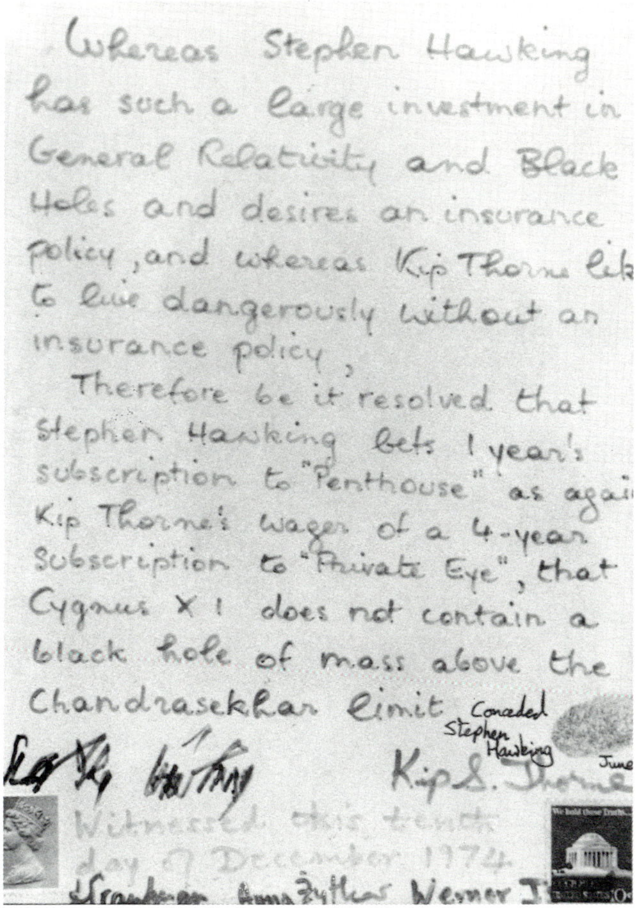

Whereas Stephen Hawking has such a large investment in General Relativity and Black Holes and desires an insurance policy, and whereas Kip Thorne lik to live dangerously without an insurance policy,

Therefore be it resolved that Stephen Hawking bets 1 year's subscription to "Penthouse" as agai Kip Thorne's wager of a 4-year subscription to "Private Eye", that Cygnus X 1 does not contain a black hole of mass above the Chandrasekhar limit

Conceded Stephen Hawking June

Kip S. Thorne

Witnessed this tenth day of December 1974

in Cygnus X-1 c'è un buco nero. Avevo già svolto un certo quantitativo di lavoro per cercare di costruire modelli dettagliati che spiegassero la Cygnus X-1, cosicché feci questa scommessa, affermando che alla fine si sarebbe dimostrata la presenza di un buco nero in Cygnus X-1 e che la creazione di modelli non si sarebbe rivelata del tutto inutile.

Stephen Hawking

La mia scommessa con Kip Thorne che non c'è un buco nero in Cygnus X-1 è per me una specie di polizza di assicurazione. Ho lavorato intensamente sui buchi neri e sarebbe tutto tempo sprecato se i buchi neri non esistessero. Perciò, se i buchi neri esistono, Kip vincerà un abbonamento annuale a «Penthouse». Se non esistono, avrò almeno la consolazione di quattro anni di «Private Eye».

Kip Thorne

Perdendo gradualmente l'uso delle mani, Stephen dovette cominciare a sviluppare argomentazioni geometriche da poter sviluppare mentalmente in maniera visiva. Mise a punto una serie di strumenti molto efficaci che nessun altro aveva. In un certo senso si può dire che, quando si perde la possibilità di utilizzare una serie di strumenti, accade di svilupparne di nuovi, che risultano applicabili a un genere di problemi che con quelli vecchi non si sarebbero potuti affrontare. E se si è l'unico al mondo a saper usare questi strumenti, ciò significa che ci sono certi problemi che puoi risolvere solo tu e nessun altro.

Isobel Hawking

Lui stesso afferma che non sarebbe arrivato dove è arrivato se non fosse stato malato e io credo che forse è proprio così. Come disse Samuel Johnson, la consapevolezza di dover essere impiccato di lì a due settimane ti permette una concentrazione intellettuale stupefacente. E Stephen si è concentrato sulla sua ricerca in un modo che non credo sarebbe stato possibile altrimenti, perché si è sempre interessato profondamente a molti aspetti della vita e non so se si sarebbe applicato così a fondo se avesse potuto fare una vita normale. Dunque in un certo senso... no, non posso dire che uno debba ritenersi fortunato di aver contratto una malattia come quella, ma è una sventura meno angosciante per lui che per altri, per la sua grande capacità di vivere nella propria testa.

STEPHEN HAWKING

Fino al 1974 ero in grado di mangiare da solo e coricarmi e alzarmi dal letto senza aiuto. Jane è riuscita a cavarsela da sola, assistendo me e allevando due figli, ma quando la situazione divenne più difficile, decidemmo di tenere sempre uno dei miei studenti ricercatori a vivere in casa nostra.

DON PAGE

Di solito mi alzavo verso le sette e un quarto, sette e mezzo, facevo la doccia, leggevo la Bibbia e pregavo. Alle otto e un quarto scendevo ad aiutare Stephen ad alzarsi. Durante la

Don Page ebbe come professore Kip Thorne al California Institute of Technology, dove conseguì il dottorato in fisica e astronomia nel 1976 e dove conobbe Stephen Hawking, che si trovava lì per un soggiorno di un anno. Don Page è un cristiano evangelico; ritiene che la comprensione dell'universo possa rivelare qualche aspetto di Dio, ma che Dio sia qualcosa di più di questo universo soltanto. È vissuto con gli Hawking dal 1976 al 1979, periodo durante il quale ha svolto il suo lavoro di postdottorato a Cambridge. Attualmente è professore di fisica all'Università di Alberta a Edmonton.

prima colazione spesso gli raccontavo che cosa avevo letto nella Bibbia nella speranza di esercitare qualche influenza su di lui.

Una volta gli raccontai la storia dell'incontro di Gesù con l'indemoniato, il quale disse di essere posseduto dai demoni e i demoni chiesero di poter entrare in un branco di maiali. I maiali poi si lanciarono da uno strapiombo e precipitarono in mare. Allora Stephen disse: «Ah, non credo proprio che a quelli della Protezione degli animali piacerebbe molto questa storia!».

Un'altra volta Gesù parlava degli ultimi giorni e disse che giunti a quel momento ci sarebbero stati due a lavorare in un campo e che uno sarebbe stato preso e l'altro lasciato e che ci sarebbero stati due a letto e uno sarebbe stato preso e l'altro lasciato. Si stava facendo colazione e Stephen disse: «E due a tavola a fare colazione e uno sarà preso e uno lasciato». Dunque aveva capito il significato del messaggio e lo prendeva con ottimismo.

Poi ci si metteva al lavoro. Di solito si controllava se fossero arrivati articoli scientifici, quelli che si chiede di leggere prima della pubblicazione ufficiale. Io tenevo i fascicoli davanti a Stephen perché non poteva girare le pagine e così facendo avevo a mia volta l'occasione di leggerli.

Ho scoperto che, nonostante la sua grande in-

Don Page e Stephen Hawking al lavoro.

telligenza, Hawking legge davvero molto piano. Io ero in grado di leggere due volte più velocemente di lui, ma naturalmente bisogna capire che Stephen doveva leggere in modo da imprimersi i concetti nella memoria perché una rilettura gli sarebbe stata molto difficile, mentre io potevo anche scorrere rapidamente le pagine, prendere nota di eventuali punti interessanti per poi tornarci sopra a studiarli più attentamente se avessi avuto voglia di approfondirli.

Kip Thorne

Una volta andai a trovare Stephen e Jane a casa loro a Cambridge e Stephen dopo cena,

In una strada di Cambridge: «Se ne va allegramente in giro».

all'ora in cui si ritirava, salì in camera da solo. Non ricordo più se erano una o due rampe di scale. Era un periodo in cui Stephen non riusciva più a camminare. Per salire le scale s'aggrappava alle colonnette della balaustrata, issandosi con la forza delle braccia e trascinandosi dal pianterreno fino al primo piano con uno sforzo prolungato e spossante.

Jane mi spiegò che era una parte importante della sua fisioterapia e che aveva lo scopo di conservargli il più a lungo possibile forza e coordinazione muscolare.

Vederlo salire così era uno spettacolo che spezzava il cuore, fino a quando capii. Come per molte altre cose nel caso di Stephen, una volta che lo si è conosciuto davvero diventa più facile accettare delle cose che per lui sono diventate la norma. Le cose sono così perché sono così! Dapprincipio però, quando non se ne sa niente, si resta sconcertati ed emotivamente disorientati, fino a quando non lo si è conosciuto bene. Issarsi per le scale in quella maniera fa semplicemente parte della sua vita normale.

ISOBEL HAWKING

Una delle cose peggiori per me era aver sempre gente intorno. Io non lo sopportavo. Lui invece trova tutto divertente, ama la vita e se ne va allegramente in giro. Credo che sia una virtù straordinaria. È quel genere di coraggio che io non ho e che suo padre non ha avuto. E noi non possiamo far altro che ammirarlo, senza smettere di chiederci da dove gli sia venuto tanto spirito.

DON PAGE

Un anno gli Hawking andavano a un cottage in Galles, vicino al fiume Wye, e mi portarono con loro. Il cottage si trovava sul versante di una collina e lo si raggiungeva percorrendo un tratto di marciapiede pavimentato. Per diminuire il numero dei viaggi, avevo sistemato le batterie di riserva sotto la sua sedia. Stephen però non sapeva che ce le avevo messe, perciò non si era reso conto che la sua sedia a rotelle era molto più pesante del solito.

Si avviò su per la salita e guadagnò terreno, precedendomi di una decina di metri, finché svoltò l'angolo per entrare in casa... solo che era in pendenza. Alzai gli occhi e vidi la sua sedia che lentamente si rovesciava all'indietro. Cercai di accorrere, ma era troppo tardi e non riuscii a raggiungerlo in tempo per impedirgli di ruzzolare all'indietro nei cespugli.

Fu uno spettacolo un po' traumatico vedere questo maestro della gravità sopraffatto dal debole campo gravitazionale terrestre.

KIP THORNE

In un paio di occasioni verso la metà degli anni Settanta, discutemmo di quale fosse il suo futuro. All'epoca dava la sensazione di averne un'idea molto precisa. Disse che si aspettava che prima o poi sarebbe morto di polmonite. Non aveva idea di quando potesse accadere, ma era più che convinto che sarebbe accaduto. D'altra parte non prevedeva alcuna degenerazione delle sue capacità mentali prima della morte e accettava con molta tranquillità d'animo l'idea che questo fosse il suo destino.

PARTE QUARTA

Nel 1975 il Vaticano assegnò a Stephen Hawking la sua medaglia Pio XII con la seguente motivazione: «A un giovane scienziato per il suo brillante lavoro». Hawking si recò a Roma con Bernard Carr per ricevere il premio in Vaticano.

BERNARD CARR

Fu un momento molto commovente. Normalmente la persona a cui è stata assegnata la medaglia si alza per riceverla dalle mani del Papa, ma naturalmente Stephen non era in condizioni di farlo, perciò fu il Papa a chinarsi su di lui.

Storicamente c'è stato un certo conflitto tra la Chiesa, quella cattolica in particolare, e l'evoluzione della cosmologia, fin dai tempi di Galileo. Stephen ha grandi affinità con Galileo. Ricordo che, quando ci recammo in Vaticano, era ansioso di visitare gli archivi e vedere il documento che si ritiene contenga la ritrattazione di Galileo, costretto dalla Chiesa a sconfessare la sua teoria secondo cui era la terra che girava intorno al sole.

La controversia fra scienza e Chiesa non è ancora sopita. Ci ha fatto piacere che la Chiesa abbia ammesso di aver commesso un errore riguardo a Galileo e che in realtà Galileo aveva visto giusto. Non sono però del tutto sicuro che il Papa avrebbe approvato ciò che aveva scoperto Hawking, se davvero lo avesse capito.

KIP THORNE

L'aspetto che nella mia mente emerge con maggior chiarezza è che a partire dagli inizi de-

Papa Giovanni Paolo II con Jane, Tim e Stephen Hawking in Vaticano nel 1986, in occasione dell'ammissione di Hawking all'Accademia pontificia delle scienze.

gli anni Settanta c'è stato un profondo cambiamento nello stile di ricerca di Stephen ed è un cambiamento caratterizzato da una frase che mi disse verso il 1980: «Preferisco avere ragione che essere rigoroso». Il rigore è un obiettivo tipico dei matematici. Essi vogliono avere una dimostrazione solida, esplicita e matematica della correttezza delle loro teorie. Stephen perseguì lo stesso tipo di rigore negli anni Sessanta e nei primi anni Settanta, applicandolo alla sua ricerca sforzandosi che tutto risultasse assolutamente inconfutabile.

In anni più recenti ha assunto un atteggiamento molto più speculativo, in senso filosofico, nella ricerca della verità, proponendosi di essere, diciamo, sicuro al 95% di aver ragione, per passare rapidamente oltre. Ha abbandonato la ricerca della certezza che caratterizzava il suo lavoro nei primi anni Settanta preferendo affidarsi all'alta probabilità per muoversi rapidamente verso lo scopo finale che è quello della comprensione della natura dell'universo.

Stephen Hawking

Il mio interesse per l'origine e per il destino dell'universo fu risvegliato quando partecipai a un convegno sulla cosmologia in Vaticano nel 1981. Successivamente fummo ricevuti dal Papa, che stava rimettendosi dalle conseguenze dell'attentato alla sua vita. Ci disse che era giusto studiare l'evoluzione dell'universo dopo il big bang, ma che non dovevamo indagare sul big bang in sé, perché quello era il momento della creazione ed era perciò l'opera di Dio. Allora fui contento che non sapesse che l'argomento della conferenza che avevo appena tenuto al convegno era la possibilità che lo spaziotempo fosse finito ma illimitato, il che significa che non aveva avuto un inizio, che non c'era stato un momento di creazione.

Non fu subito evidente che il mio scritto aveva implicazioni sull'origine dell'universo, perché era alquanto tecnico e portava l'impervio titolo di *The Boundary Conditions of the Universe*,

«Le condizioni al contorno dell'universo». In esso avanzavo l'ipotesi che lo spazio e il tempo avessero un'estensione finita ma fossero chiusi su se stessi senza limiti o confini, proprio come la superficie della terra è finita come area ma non ha confini o bordi. In tutti i miei viaggi, non sono mai riuscito a cadere oltre il bordo del mondo.

All'epoca del convegno in Vaticano, non sapevo come servirmi di questo concetto per fare predizioni sul futuro comportamento dell'universo, ma durante il 1982 e 1983 lavorai con l'amico e collega Jim Hartle, dell'Università della California a Santa Barbara. Mostrammo come usare quest'idea dell'assenza di confine per calcolare lo stato dell'universo in una teoria quantistica della gravità.

Se la proposizione dell'illimitatezza è corretta, non ci sarebbero singolarità e le leggi della scienza sarebbero valide dappertutto, incluso l'inizio dell'universo. Il modo in cui l'universo ha avuto inizio sarebbe determinato dalle leggi della scienza. Io avrei soddisfatto la mia ambizione di scoprire come è cominciato l'universo. Ma ancora non so perché è cominciato.

Jim Hartle

Nella meccanica quantistica, noi descriviamo un sistema dandone la funzione d'onda. Ciò ci permette di calcolare la probabilità di ciò che potremmo vedere. Nel caso dell'universo, per esempio, potrebbero interessarci la sua forma e grandezza e la geometria tridimensionale dello spazio che potrebbe manifestare. La funzione d'onda ci permette di calcolare le probabilità di diverse risposte alternative. Così abbiamo investigato i possibili modi di descrizione. Ma noi non viviamo in una tale descrizione, noi viviamo in uno stato quantico e pertanto l'interrogativo interessante è: quali sono i princìpi che individuerebbero uno stato fra i molti stati possibili che potrebbe avere l'universo e che pertanto ci darebbero un meccanismo con cui formulare predizioni o correlare diverse caratteristiche dell'universo quali le vediamo oggi?

Jim Hartle, che è stato collaboratore di Stephen Hawking nell'elaborazione della teoria poi nota come ipotesi di Hartle-Hawking, è attualmente professore di fisica all'Università della California a Santa Barbara, dove il suo lavoro verte su relatività e gravità.

DENNIS SCIAMA

La «cosmologia quantistica» di Stephen ovvero, come più popolarmente viene definita, «la funzione d'onda dell'universo» è una nuova proposta di fisica. Essa dice che il modo per calcolare il comportamento dell'universo ricorrendo alla meccanica quantistica consiste nell'impiegare certe procedure altamente tecniche che rappresentano una nuova proposta per il modo in cui funziona la fisica; parliamo perciò di procedure controverse e non ancora stabilite con precisione.

Ma ciò che Hawking cerca di mostrare è che se la funzione d'onda dell'universo è calcolata con un procedimento da lui suggerito, un suggerimento molto perspicace e brillante, ma di cui non tutti sono disposti a pronosticare il successo, allora si potrebbe dedurne come sarebbe l'universo.

Stephen e i suoi studenti e altri in altre località del mondo stanno verificando questa nuova teoria e lo fanno esaminando se l'universo reale abbia le stesse proprietà delle implicazioni teoriche della sua proposta. Secondo Stephen ciò condurrà a una serie di idee molto valide. Ma attualmente è ancora tutto molto controverso.

Nella fisica classica si può descrivere lo stato di un sistema dando contemporaneamente le posizioni e le velocità di tutte le particelle. Per la fisica quantistica invece le particelle non hanno posizioni e velocità precisamente definite. La descrizione più completa che si può dare è la cosiddetta funzione d'onda. La si può pensare come un modo per definire le probabilità di trovare le particelle in posizioni diverse. Non c'è bisogno di specificare anche le velocità delle particelle: esse sono determinate fino a una quantità prescritta di indeterminazione dalla funzione d'onda.

Nella teoria quantistica lo stato dell'universo può essere descritto da ciò che chiamiamo funzione d'onda dell'universo. Essa dà la probabilità che lo spazio al tempo presente sia incurvato o distorto in modi diversi. La massima probabilità è che lo spazio sia quasi piatto, ma la proposta dell'assenza di confini avanzata da Hartle e Hawking predice che ci sono probabilità significative di piccole increspature nella geometria dello spazio. Esse corrisponderebbero alle onde gravitazionali e sono in corso attualmente misurazioni molto accurate per cercare di individuarle.

Kip Thorne

Ci sono molti modi diversi per avvicinarsi al concetto di gravità quantistica, al connubio fra relatività generale e teoria quantistica. Quello che mi piace di più è quello scelto da Hartle e Hawking con le loro descrizioni dei punti di contatto fra meccanica quantistica e gravità. Suona bene. Quando si lavora alle frontiere più esterne della scienza, della fisica, bisogna affidarsi in larga misura alle sensazioni che ne derivi, al «sapore» di ciò che stai elaborando. Devi prendere decisioni sulla strada che intendi intraprendere nella tua ricerca, o sul tipo di guida da dare ai tuoi studenti su quali possano essere le direzioni più proficue. È una guida che può scaturire solo dall'intuizione, dalle tue sensazioni più viscerali. Come dicono i colleghi sovietici, viene dal fegato. Ebbene, io sento nel fegato che quei due hanno ragione.

Antony Hewish

Io credo che la cosa più fantastica di questi ultimi vent'anni è che ora si può discutere su che cosa sia accaduto prima di un milionesimo di secondo dopo l'inizio del tempo. Che l'universo abbia un'origine singolare è un concetto da togliere il fiato, ma il fatto che si possa parlare sensatamente della fisica di quell'universo primordiale e dibattere del primo milionesimo di secondo appare ai miei occhi come un'autentica rivoluzione, particolarmente quando lo metto a confronto con l'arco della mia stessa vita, all'inizio del quale non sapevamo nemmeno se l'universo fosse stazionario o in evoluzione.

E ne nascono terrificanti quesiti filosofici: se il tempo abbia avuto un inizio e che cosa voglia dire in realtà una frase del genere. È difficile per i fisici acquisire dimestichezza con questo genere di problemi.

John Wheeler

La domanda sull'inizio dell'universo è stata posta molte volte, da molte persone, in molti contesti: com'è cominciato?

Nemmeno Einstein ebbe fiducia nelle predizioni della sua stessa teoria quando cominciò a investigarle e trovò per risultato che l'universo non poteva rimanere fisso nelle sue dimensioni per tutto il tempo. Perché era così diffidente? Perché il suo grande eroe Spinoza aveva in effetti argomentato già molto tempo prima contro l'idea biblica di una creazione originaria; perché Spinoza aveva detto: «Dove esisterebbe l'orologio prima che ci fosse qualcosa che gli dicesse quando cominciare?». Sembrava una contraddizione in termini.

Ma naturalmente quando alla fine risultò che l'universo è in espansione, Einstein confidò al suo e mio grande amico George Gamow: «È stato il più grande abbaglio della mia carriera».

E anche dopo io e lui abbiamo certamente visto, in quella predizione che l'universo si espande, un concetto così totalmente diverso da qualunque cosa fosse stata ipotizzata in precedenza, la prova più convincente che sia mai stata data all'uomo sulla nostra capacità di guardare nello spazio, nei meccanismi stessi dell'universo, e la garanzia più importante che un giorno sapremo risolvere il mistero. Ma, alla luce della teoria quantistica, io credo che abbiamo una visione più profonda di tutte queste questioni, di come abbia avuto inizio l'universo: è lì che giungiamo a renderci conto che l'idea stessa di tempo è un'idealizzazione. Non è che la parola «tempo» ci sia stata dispensata dall'alto come un dono divino; l'idea di tempo è un'invenzione dell'uomo e, se ne conseguono delle perplessità, di chi è la colpa? È colpa nostra se abbiamo inventato e usato quella parola.

Nei gabinetti di un caffè di Austin, nel Texas, ho letto questa scritta: «Il tempo è il modo con cui la Natura impedisce che tutto avvenga contemporaneamente». È una frase che rappresenta in modo succinto la maniera in cui noi normalmente intendiamo il tempo. Ma quanto più andiamo a fondo nel tempo da un punto di vista quantistico, tanto più la nostra consapevolezza si consolida, più il tempo stesso sviluppa raffinate peculiarità e tanto più complesse diventano le perplessità che dobbiamo risolvere per venire a capo di tutta quanta la questione.

Perciò a chi fa domande su come abbia avuto inizio l'universo bisogna domandare: «E tu da dove hai preso la tua idea del tempo?».

Nella meccanica quantistica, la posizione di un elettrone è indeterminata. In circostanze normali, questa indeterminazione è trascurabile, ma diventa importante alla scala delle distanze atomiche, tanto che una do-

manda quale «Dov'è l'elettrone?» non ha una risposta significativa. Analogamente, nella gravità quantistica c'è pure una certa indeterminazione nella geometria dello spazio-tempo. In circostanze normali anche questa indeterminazione è trascurabile, ma diventa importante alla scala delle distanze molto piccole e negli intervalli di tempo molto brevi, tanto che una domanda come «Che cos'è il tempo?» non ha una risposta significativa. In particolare, ciò significa che nelle immediate vicinanze del big bang il concetto di tempo diventa insignificante.

Stephen Hawking ha suggerito che si potesse fare un passo avanti usando il concetto di tempo immaginario. Il tempo immaginario è in relazione con il tempo reale come i numeri immaginari sono in relazione con i numeri reali. La fisica del tempo immaginario è una versione da Alice nel paese delle meraviglie; per esempio, le particelle possono muoversi più velocemente della luce e anche a ritroso nel tempo (immaginario). Naturalmente quando la descrizione viene trasformata in un'approssimazione alla meccanica quantistica, tutto torna a posto e nessuno può andare più veloce della luce né a ritroso nel tempo (reale).

Jim Hartle e Stephen Hawking hanno proposto un metodo per integrare la trovata del tempo immaginario nella cosmologia quantistica e l'hanno usato per analizzare un modello dell'universo drasticamente semplificato. Pur essendo molto più semplice dell'universo reale, il modello possedeva comunque una singolarità del big bang quando veniva trattato con la relatività generale classica. Ma la versione della meccanica quantistica non aveva alcuna singolarità. Hartle e Hawking erano riusciti a sostituire la singolarità con quella che si potrebbe chiamare una preistoria del tempo.

È ancora argomento di discussione se l'idea Hartle-Hawking possa essere applicata con successo a un universo reale.

Christopher Isham

Christopher Isham è professore di fisica teorica all'Imperial College di Londra; attualmente sta lavorando alle relazioni fra relatività generale e fisica quantistica.

L'idea di una creazione dal nulla è naturalmente affascinante, è una cosa che interessa enormemente la gente. L'immagine della creazione dal nulla data da Hartle-Hawking è in realtà un modo molto grafico di descrivere la matematica in termini non tecnici. Normalmente in fisica, dove si hanno idee convenzionali di causalità e determinismo, se si ha lo stato di un tempo particolare è possibile calcolare solo lo stato di qualche tempo successivo. Ecco che cosa si intende per causalità. Da questo punto di vista, non si può mai avere una creazione dal nulla, non si può avere nessun tipo di creazione. L'unica cosa che si può avere è un cambiamento: cambiamento causale, ma cambiamento di qualcosa che c'è già. Il cambiamento può avere l'apparenza della creazione, come avviene per esempio negli acceleratori di particelle del CERN, dove vediamo collidere particelle elementari e apparire grandi quantità di particelle nuove. Si ha l'impressione della creazione, ma in realtà non si sta facendo altro che convertire energia da una forma in un'altra e l'intero sistema è puramente causale, puramente deterministico, tutto scorre in un modo convenzionale e certamente non si sta creando niente dal nulla.

Il CERN è l'Organizzazione europea per la ricerca nucleare, che ha sede presso Ginevra.

Nella relatività generale, dal modo in cui tempo e spazio entrano nelle formule nasce la possibilità di parlare effettivamente della creazione del tempo stesso. Il guaio è che quando spazio e tempo dovrebbero «avere origine» secondo la teoria classica, quel punto preciso è in sé una singolarità nella matematica: la matematica viene meno e non è possibile usarla per formulare una teoria della creazione. La sola cosa che si può dire nelle cosmologie convenzionali è che esistono molti, moltissimi diversi universi possibili, i quali sono tutti in accordo con le equazioni di Einstein. Che noi ci si trovi a vivere in questo e non in quell'altro è una pura coincidenza. Non si può dare alcuna ragione di questo fatto, nemmeno in linea di principio. Le uniche affermazioni che possiamo fare sono condizionali: dato che l'universo era in questo stato in questo momento, sarà in quello stato in un momento successivo. È un tipo di evoluzione condizionale.

Nel tempo immaginario invece si presenta questa singolare possibilità di avere un «adesso», senza che ci sia necessariamente una catena di momenti passati. Partendo da dove ci troviamo al momento e correndo a ritroso nel tempo, per un bel po' tutto funziona normalmente, anche nel tempo immaginario. Finché si usa questo tempo fenomenologico, sarà come procedere all'indietro in un tempo convenzionale.

Ma via via che ci si avvicina a quello che appare come il punto di origine nel quadro di un tempo reale convenzionale, si scopre che la natura del tempo cambia: la componente complessa o immaginaria diventa sempre più preminente finché, alla fine, ciò che avrebbe dovuto essere la singolarità nella teoria classica viene spianato e si ha questa bella immagine della creazione dell'universo, dove non c'è un punto iniziale, bensì una specie di forma continua.

Ciò che Hartle e Hawking hanno scoperto è che se si suppone che la storia passata dell'universo nel tempo immaginario sia costituita da tutte le forme possibili di questo tipo, coerenti con la nostra attuale posizione, e si interpreta questo schema secondo un punto di vista quantomeccanico più o meno convenzionale, ciò che si ottiene è, almeno in via di principio, una peculiare funzione d'onda per l'intero universo.

Si ha dunque questa bella immagine di assenza del passato: non c'è niente da cui sia stato creato l'universo. L'unica cosa che si può dire è che l'universo *è*, perché è una struttura matematica coerente in sé. Non c'è passato perché, diversamente dallo scenario della creazione in un punto, non c'è un luogo in cui l'universo potrebbe essere creato.

Dunque dire che l'universo è creato dal nulla è un po' improprio e si basa su un uso fuorviante della parola «nulla». Non che ci fosse solo uno spazio vuoto in cui è apparso l'universo, una situazione che potremmo chiamare «niente»: non c'era davvero proprio niente, perché non ci fu nemmeno un evento della creazione. In queste teorie l'uso del tempo passato per i verbi diventa inappropriato. I tempi furono stabiliti quando la gente credeva nel tempo reale e purtroppo non abbiamo ancora una forma linguistica in cui descrivere i tempi del tempo immaginario. Ma certamente in questo senso l'uso dell'espressione «creazione dal niente» è fuorviante. Andrebbe bene per l'immagine di un universo che salta fuori all'improvviso in un tempo preesistente, ma non è una buona descrizione dello stato proposto da Hartle-Hawking.

L'universo aperto: «Ma via via che ci si avvicina al punto d'origine la natura del tempo cambia finché si ha questa bella immagine della creazione dell'universo, dove non ci sarebbe un punto iniziale, bensì una specie di forma continua».

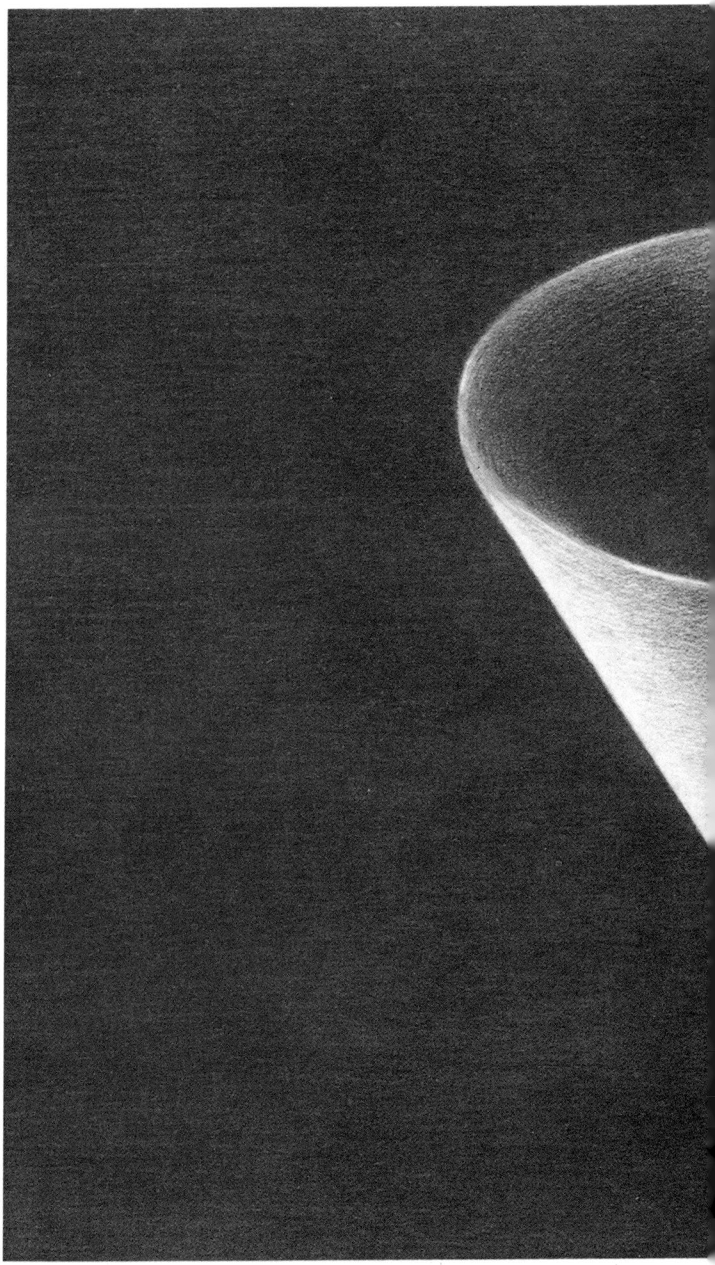

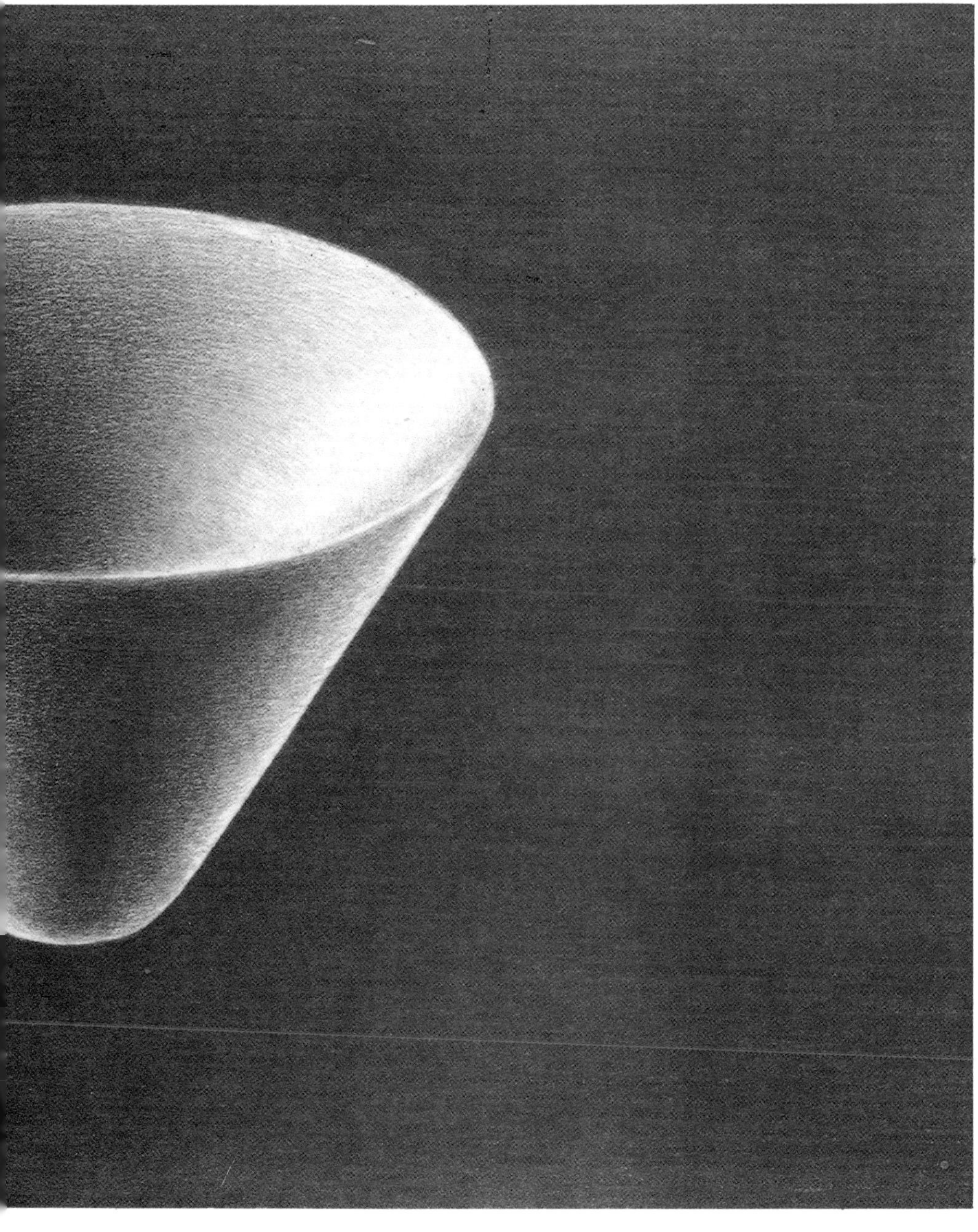

Per poter predire come abbia avuto inizio l'universo, sono necessarie leggi che valgano all'inizio del tempo. Nel tempo reale ci sono solo due possibilità: o il tempo continua indietro nel passato per sempre, o il tempo ha un inizio in una singolarità. Si può pensare al tempo reale come a una linea che dal big bang procede fino al big crunch. Ma si può anche considerare un'altra direzione del tempo ad angoli retti rispetto al tempo reale. Questa si chiama direzione immaginaria del tempo. Nella direzione immaginaria del tempo, non c'è bisogno di singolarità che formino un inizio o una fine dell'universo.

Nel tempo immaginario non ci sarebbe alcuna singolarità nella quale venissero meno le leggi della scienza e non ci sarebbe un margine dell'universo dove si sarebbe costretti ad appellarsi a Dio. L'universo non sarebbe né creato né distrutto. Sarebbe e basta.

Forse il tempo immaginario è in realtà il tempo reale e quello che noi chiamiamo tempo reale è solo un'invenzione della nostra fantasia. Nel tempo reale l'universo ha un inizio e una fine, ma nel tempo immaginario non ci sono né singolarità né confini; perciò forse quello che noi chiamiamo tempo immaginario è in realtà più fondamentale e quello che chiamiamo reale è solo un'idea inventata da noi stessi come ausilio per descrivere l'universo quale noi crediamo che sia.

KIP THORNE

Ci sono due teorie fondamentali su come finirà l'universo. C'è l'idea dell'universo aperto che continuerà senza una fine improvvisa; le cose rallenteranno e giungeranno infine a una morte termica in base al secondo principio della termodinamica. In alternativa c'è l'idea di un universo chiuso che smetterà di espandersi e ricadrà su se stesso; questa è quella che viene talvolta chiamata la teoria del Big Crunch, che sarebbe come il Big Bang alla rovescia.

JIM HARTLE

È importante capire che la parola «immaginario» nel tempo immaginario non si riferisce all'immaginazione, ma a un'antica idea della matematica, per la precisione quella dei numeri immaginari, come la radice quadrata di - 1. Per un dato osservatore, spazio e tempo sono naturalmente distinti: noi misuriamo lo spazio con regoli e il tempo con un orologio. All'inizio di questo secolo, Einstein e Hermann Minkowski mostrarono che le nozioni di spazio e tempo relative a diversi osservatori erano solo aspetti differenti di una sola idea unificata, la nozione di spazio-tempo. Lo spazio-tempo è una geometria quadridimensionale che ha alcune direzioni di tipo spaziale e alcune direzioni di tipo temporale. Perciò in un certo senso le nozioni di spazio e tempo vi appaiono ancora distinte.

Nonostante la grande efficacia di quell'idea,

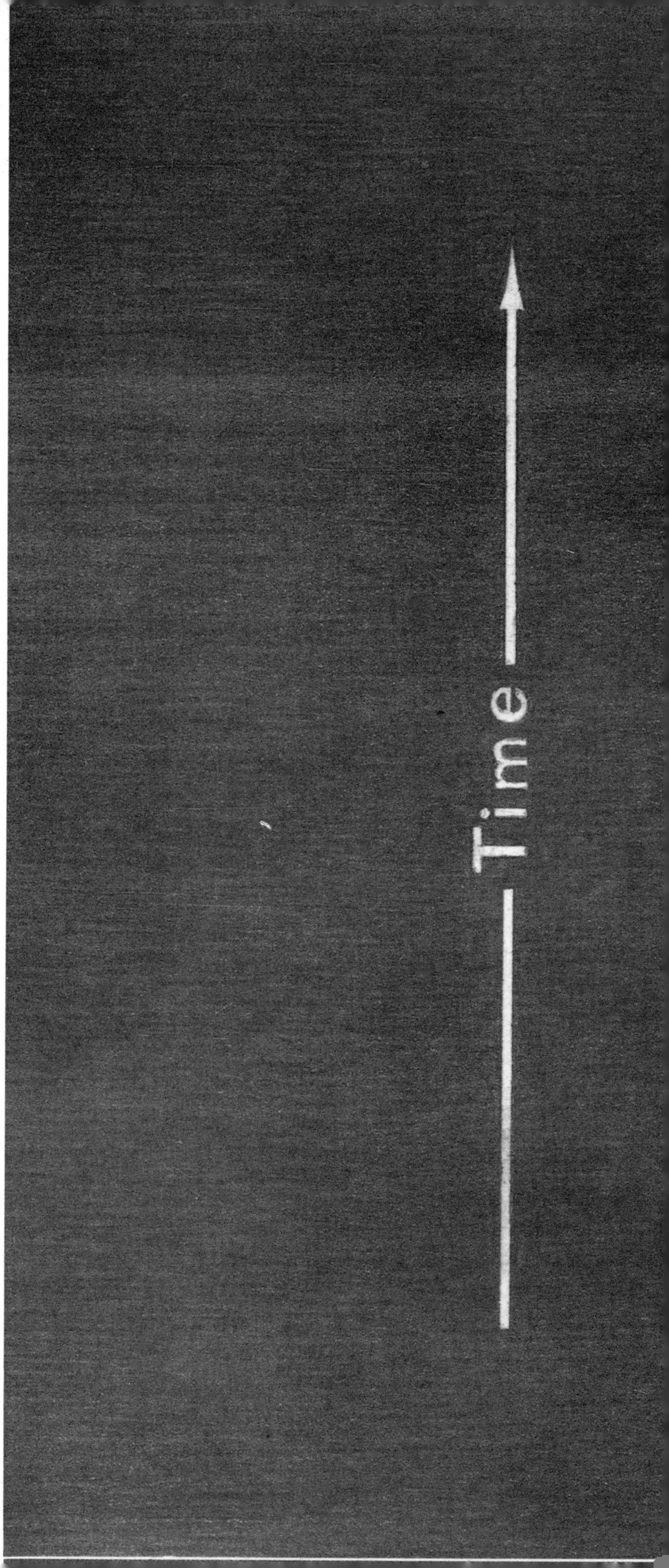

La freccia universale del tempo: «Si può pensare al tempo reale come a una linea che dal big bang va al big crunch».

Big crunch
Big bang

è ancora possibile spingersi oltre nell'unificare queste nozioni. Se si misurano le direzioni del tempo usando i numeri immaginari, si ottiene una simmetria completa fra spazio e tempo, che matematicamente è un'idea molto bella e naturale. Questa semplicità matematica viene sfruttata nella proposta dell'illimitatezza per formulare una teoria della più semplice di tutte le possibili condizioni iniziali dell'universo.

Ma non bisogna pensare al tempo immaginario come a qualcosa a cui abbiamo accesso diretto nella nostra esperienza: è un'idea matematica che esprime la bellezza delle equazioni della fisica e in questo caso una particolare ipotesi sulla condizione iniziale dell'universo.

DON PAGE

I teoremi sulla singolarità di Hawking indicavano che la teoria della relatività generale di Einstein, combinata con certe osservazioni, implicava una singolarità all'inizio dell'universo. Estrapolando a ritroso nel tempo si arriva a un punto oltre il quale non si può più procedere. Normalmente noi lo interpretiamo dicendo che lì ha avuto inizio il tempo.

Questa nozione disturbava molte persone le quali ritenevano che l'universo fosse infinitamente vecchio. L'idea di Hawking indicava che l'universo aveva avuto un inizio e qualcuno trovò che la sua idea si accordava con il racconto della Genesi di un universo creato nel tempo, anche se naturalmente altri teologi affermano che la creazione divina non deve essere avvenuta necessariamente nel nostro tempo.

Dio potrebbe aver creato un universo infinito, ma l'idea di Hawking implicava un inizio del tempo. Ora naturalmente noi sappiamo che la teoria di Einstein non funziona per un tempo molto vicino a quell'inizio, perciò sappiamo che lì la teoria stessa viene meno. Da ciò consegue la possibilità che l'universo abbia davvero un'età infinita, o che ad esso si applichi forse qualcos'altro.

Ci sono persone, fra le quali io stesso e, credo, anche Hawking, secondo cui lo stesso concetto di tempo viene meno vicino all'inizio e pertanto potrebbe non aver senso discutere su ciò che può essere esistito prima di allora: prima dell'universo ci fu un tempo infinito? O ci fu un tempo finito? L'universo ha un inizio assoluto nel tempo? Alcune di queste domande non hanno molto senso perché il concetto stesso di tempo non ha molto senso in quelle epoche molto antiche. Possiamo solo dire con una certa sicurezza che il tempo come noi lo conosciamo ha avuto un inizio, ma che c'è stato un punto oltre il quale le nostre nozioni standard di tempo vengono meno.

Nella proposta dell'inesistenza di confini di Hartle-Hawking, l'universo comincia essenzialmente in un modo in cui il tempo ha un comportamento bizzarro: il tempo è in senso tecnico immaginario, cosicché, invece di avere un margine, è un po' come la superficie della terra sulla quale, diciamo, si cominci dal Polo Nord e si proceda lungo i meridiani. I meridiani hanno origine in effetti al Polo Nord.

Questa in un certo senso è l'immagine che dà Hawking dell'universo: ci dice che questo tempo immaginario non ha un inizio, non ha un margine. Non per questo deve necessaria-

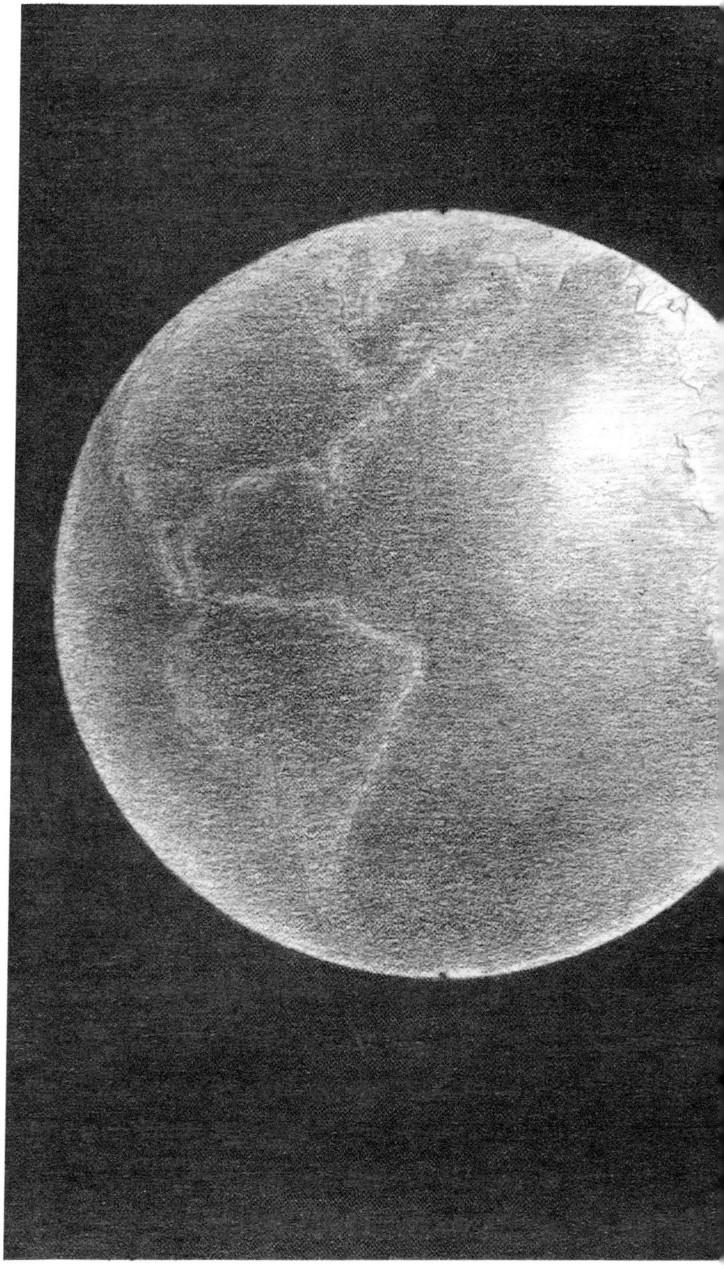

La proposta dell'assenza di confini: la storia dell'universo potrebbe somigliare alla superficie della terra; potrebbe cominciare in un punto singolo equivalente al Polo Nord e continuare fino al Polo Sud, senza che ci siano un principio o una fine.

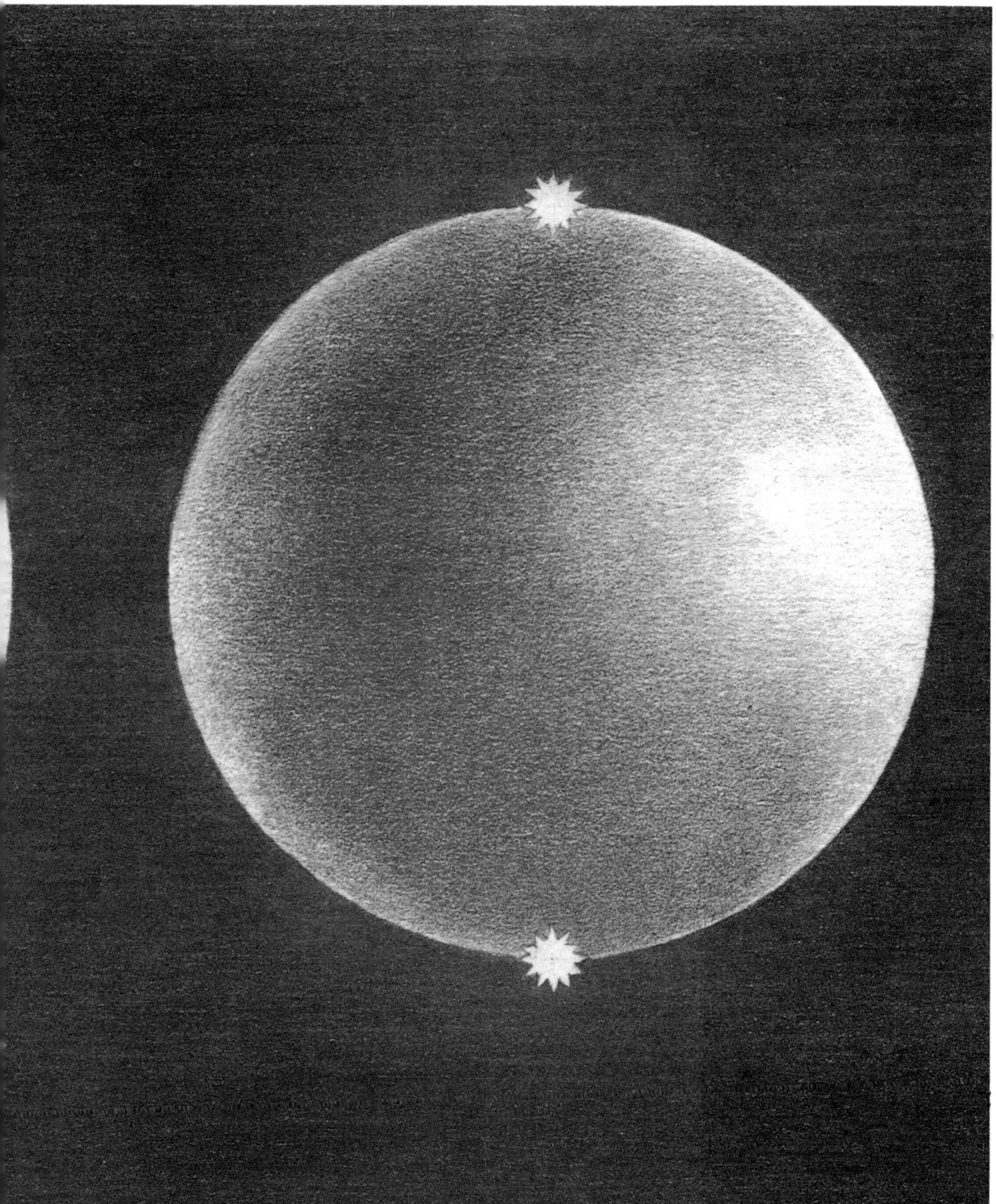

mente prolungarsi per l'eternità. È un tempo finito, nello stesso senso in cui la terra ha solo una superficie finita, che non prosegue all'infinito procedendo verso nord: in un certo senso si arriva alla sua fine, visto che non c'è un ulteriore nord verso cui spingersi, ma in un altro senso una fine reale non c'è.

Dunque Hawking ci dice che ai suoi inizi l'universo non aveva confini e perciò è un tutto chiuso in sé. Sostiene che non c'era veramente bisogno che Dio desse inizio all'universo: l'universo potrebbe esistere di per sé, senza che Dio l'abbia creato.

STEPHEN HAWKING

In generale si è giunti a credere che Dio permetta all'universo di evolversi secondo un insieme di leggi, e che non intervenga in esso in violazione di quelle leggi. Nondimeno spetterebbe a Dio caricare il meccanismo a orologeria e scegliere quando metterlo in funzione. Fintanto che l'universo ha avuto un inizio, possiamo supporre che abbia avuto un Creatore. Ma se l'universo è in realtà completamente chiuso in sé, quale posto potremmo assegnare a un Creatore?

DON PAGE

Che posto assegnare allora a un Creatore? L'interrogativo della creazione, la domanda se

Dio abbia creato l'universo, non è direttamente correlata al problema se l'universo abbia un limite, anche se sono in molti a pensarla così. La verità è che la domanda non ha alcuna pertinenza.

Per esempio, ho tracciato su un foglio di carta due linee. Questa linea retta ha due estremi e si può affermare che da questa parte c'è l'inizio e da quest'altra la fine, se immaginiamo che il tempo proceda in un certo senso. Se il tempo invece procede nell'altro senso, allora, viceversa, da questa parte c'è l'inizio e da quell'altra la fine. Possiamo considerare questa linea un modello di universo con un inizio e una fine. Questo cerchio invece mostra un altro universo, dove, se il tempo procede in questa maniera, in un certo senso esiste un tempo precedente. Ma se si segue la linea circolare, si vede che non c'è una fine, si continua a girare.

Però sono stato io a disegnare entrambe le linee, perciò in un certo senso le ho create tutte e due. La domanda se le abbia create io o no non ha alcuna influenza sul problema se esse abbiano un inizio o una fine.

Credo che qualcosa di analogo valga per l'universo. Il vecchio modello di Hawking attribuiva all'universo un inizio e forse una fine. Il nuovo modello è più simile a questo cerchio in cui non c'è un vero inizio e non c'è una vera fine. Potremmo dire in un certo senso che esiste qualcosa più a sinistra della sinistra, perciò si potrebbe dire che esiste qualcosa come un tempo precedente al tempo e qualcosa come un tempo successivo al tempo. Ma, in senso più tecnico, diciamo che non ci sono né inizio né fine. Eppure sia l'inizio che la fine potrebbero essere stati creati da Dio. È attraverso la fede che possiamo chiederci se l'universo è stato creato da Dio. È una domanda alla quale la scienza non ha risposte da dare.

Credo che nel suo libro Hawking eviti prudentemente di dichiarare esplicitamente che Dio non esiste. Si limita a chiedere: che posto ci sarebbe allora per un Creatore? Anche se io credo che sia abbastanza evidente quale conclusione vorrebbe che traeste.

John Taylor

Io credo che Dio sia molto importante per molte persone per il bisogno di spiegare sia l'enorme complessità sia la possibile mancanza di un fine nell'universo. Non vorrei mai togliere a molte persone il grande aiuto che la fede in Dio dà in questa vita.

Personalmente non vedo Dio in relazione a niente di più particolareggiato che una possibile causa prima. Ma, da materialista pragmatico, direi che Dio dovrebbe essere descritto nei termini delle leggi che determinerebbero quella causa prima. Come si fa, non lo so. Non siamo arrivati a un punto tale da poter sostenere di avere sia pure un barlume di comprensione.

Io credo che dobbiamo procedere oltre e cercare di vedere più da vicino la natura di Dio, perché se chiedete a me che cosa penso che sia Dio, io risponderei: «È la natura dell'universo». E penso anche che forse continueremo a procedere per sempre, che ci sarà sempre un'altra teoria dietro la teoria presente, ci sarà sempre un altro passo da compiere. In un certo senso, potrebbe essere un modo per evitare di raggiungere una causa prima.

Perciò se uno scienziato dicesse: «Siamo arrivati in fondo», io risponderei: «Pensaci bene, forse la natura dell'universo è tale da risultare infinitamente complessa». Potrebbe forse esistere una teoria di sistemi infinitamente complessi in cui ci siano infinite sequenze di teorie che si avvicinano sempre più alla verità. Forse si può raggiungere una superteoria, non lo so. Si potrebbe persino dire che se Dio è la natura ultima dell'universo, quale è espressa in teoria, deve esserci una teoria di tale concetto in grado di spiegare come lo si possa controllare.

A questo punto insorgono interrogativi logici così profondi insieme con la possibilità che non ci siamo ancora avvicinati abbastanza alla sequenza di teorie per cominciare a vederne una struttura, che forse l'unica conclusione è che non dovremmo cercare di correre prima di imparare a camminare.

Il fine nell'universo, a mio avviso, è progredire nel modo richiesto per progredire e solo in quel modo; e formulare nella mente una forma di fine umano, il raggiungimento cioè di un obiettivo che soddisfi le leggi dinamiche dell'universo. Dal punto di vista del fine, non vedo altro.

Roger Penrose

Non sono sicuro che la parola «fine» si possa usare in relazione all'universo o alle leggi della fisica nella stessa maniera in cui la usiamo in senso personale, quando abbiamo intenzione di fare una certa cosa. C'è però un senso in cui direi che l'universo ha un fine. Non esiste solo per caso.

C'è gente che ritiene che l'universo esista e proceda per suo conto, un fenomeno funzionante nel quale noi ci troviamo del tutto per caso. Io non credo che sia un modo molto proficuo o utile di vedere l'universo. Io credo che ci sia qualcosa di molto più profondo in esso, nella sua esistenza, di cui per il momento abbiamo un'intuizione molto vaga.

John Wheeler

Entro e trovo tutti i miei amici che sogghignano beati. Ho capito che mi avevano preparato qualche scherzo e sono stato al gioco:

«È animale?».

«No.»

«Vegetale?» chiesi a quello successivo.

«No.»

«Minerale?» chiesi al terzo.

«Sì.»

Allora chiesi a quello successivo: «È verde?».

«No.»

«È bianco?»

«Sì.»

Mentre continuavo a fare domande, mi accorsi che gli amici impiegavano sempre più tempo a rispondere. Non capivo perché: visto che conoscevano la risposta, non c'era ragione perché non mi dessero subito un sì o un no.

Sapevo di avere a disposizione solo venti domande e di lì a poco dovetti decidermi a scegliere una parola. Così domandai: «È una nuvola?».

Lui ci pensò e pensò e pensò e finalmente rispose: «Sì». Poi scoppiarono tutti a ridere. Mi spiegarono che quando ero uscito dalla stanza non avevano concordato una parola, ma avevano concordato di non concordarne una. Ciascuno avrebbe potuto rispondere come preferiva alla mia domanda, a una condizione: se uno di loro non fosse stato in grado di rispondere a una delle mie domande, lui perdeva e io vincevo. Perciò era difficile per tutti quanto lo era per me. Quella parola non esisteva in quella stanza prima che io vi entrassi, fu solo grazie alla mia scelta di domande che scaturì e tuttavia cominciò a esistere non solo tramite le mie domande, ma anche attraverso le loro risposte.

La stessa cosa vale per l'elettrone: eravamo soliti ritenere che l'elettrone esistesse nell'atomo con una posizione e una velocità. Ora apprendiamo che non ha una posizione o una velocità nell'atomo. Io non ho una risposta fino a quando non ho installato l'attrezzatura per effettuare la misurazione e non ho misurato l'una o l'altra cosa. Inevitabilmente il mondo ha questa caratteristica partecipatoria: noi non siamo semplici osservatori, ma siamo anche partecipi nel far avvenire ciò di cui abbiamo il diritto di dire che è avvenuto.

Questa caratteristica partecipatoria dell'universo è l'aspetto più stimolante della teoria quantistica ed è quella che più emoziona quando si cerca di spiegarla, perché è diametralmente contraria alla vecchia idea, condivisa da Einstein, che l'universo abbia un'esistenza esterna indipendente da noi. Einstein non accettava l'idea espressa dalla teoria quantistica secondo cui in una certa misura noi partecipiamo a determinare ciò di cui diciamo che è avvenuto.

Non lo accettava perché, dopo un'aspra lotta avvenuta nella sua mente in gioventù, era giunto alla visione di un mondo che ha una realtà esterna indipendente da noi. Nella teoria quantistica si manifestava qualcosa di assolutamente contrario.

Avevo lavorato con l'altro grande nome nel dibattito sulla meccanica quantistica, Niels Bohr, a Copenhagen, e non conosco dibattito più grande negli ultimi secoli di quello fra Bohr e Einstein, nessun dibattito fra due uomini più grandi, né una disputa che sia durata più a lungo, ben ventotto anni, fra due colleghi a così alto livello. In poche parole: il mondo esiste indipendentemente da noi, come pensava Einstein, oppure, come riteneva Bohr, c'è un aspetto per cui noi, tramite la nostra scelta delle apparecchiature per l'osservazione, abbiamo qualche cosa a che fare con ciò che avviene? La maggior parte di coloro che si occupano di fisica, io compreso, ritengono che la controversia si sia chiusa a favore di Bohr.

Oggi, per molte persone nel mondo della fisica, la teoria quantistica è una specie di magico tritacarne. Vi si mette dentro la propria teoria dello stato solido, vi si mette dentro la propria trattazione dell'atomo, vi si mette dentro la propria trattazione del laser, vi si butta dentro qualunque problema di fisica e si gira la manovella; ed ecco che da questo tritacarne, da questo onnicomprensivo principio della fisica del ventesimo secolo scaturisce la risposta.

Per la verità la teoria quantistica non si presta a un'analisi semplice. La teoria quantistica è qualcosa a cui non si può sfuggire, ci mostra che ciò che noi diciamo che avviene, o ciò che abbiamo diritto di affermare che avviene, dipende inevitabilmente dalla scelta delle misurazioni che decidiamo di compiere. Questa scelta è irrevocabile, non c'è occasione di tornare sui propri passi, perciò ci troviamo di fronte a un aspetto rivoluzionario nella storia dell'esistenza.

Nell'ultima intervista che concesse, Niels Bohr, felice, interessato, affascinante, appassionato, ignaro di essere destinato a morire il giorno dopo, osservò che certi filosofi non si rendevano conto che nella teoria quantistica era stato scoperto qualcosa di veramente nuovo a proposito del mondo, qualcosa, con le sue parole, «di immensa importanza». Altrove ha scritto di come la nostra visione della realtà è diversa da ciò che avevamo pensato e come siamo destinati a un mutamento rivoluzionario. Nel più discusso di tutti i suoi scritti, Einstein dichiarò che la teoria quantistica, come lui la capiva, contraddiceva ogni ragionevole idea di realtà. A queste parole Bohr rispose: «La tua idea di realtà è troppo limitata».

Jim Hartle

Chiunque abbia superato i dodici anni sa che nel mondo la certezza non esiste. Pertanto la fisica deve occuparsi di probabilità.

Secondo la prospettiva della fisica classica, ci occupavamo di probabilità per colpa della nostra ignoranza, vale a dire che non avevamo semplicemente una descrizione del mondo abbastanza affinata e accurata, ma quando avessimo trovato una descrizione come quella, avremmo avuto anche la certezza. Sappiamo ormai da una sessantina d'anni che questo punto di vista è infondato. Le probabilità sono fondamentali, l'incertezza è inevitabile e perciò una qualunque teoria basata sulla meccanica quantistica, quella dell'universo in particolare, non predice una particolare storia temporale dell'universo, ma predice la probabilità di varie situazioni che possono essersi verificate.

Ci sono naturalmente cose molto più probabili di altre e le leggi della meccanica quantistica ci dicono quali sono. Così nella storia dell'universo ciò di cui parliamo sono tutti gli eventi fino all'inizio. Non c'è un insieme di eventi regolato dalle leggi della fisica; tutti gli eventi sono possibili, alcuni più probabili di altri. Il banco di prova della cosmologia quantistica è l'identificazione di quelle cose che sono predette dalla teoria con una probabilità molto alta.

Le diverse alternative per l'universo, le diverse storie alternative, vengono talvolta considerate come egualmente reali e io credo che non sia sbagliato. Una teoria quantistica che si occupa di probabilità si occupa necessariamente solo di insiemi di possibilità alternative e perciò si può dire che sono tutte egualmente reali. Ma sarebbe più preciso affermare che ci occupiamo di interi insiemi di possibilità, una qualunque delle quali può essersi verificata e alcune delle quali sono più probabili di altre.

STEPHEN HAWKING

Einstein formulò una volta questa domanda: quanta scelta ha avuto Dio nel costruire l'universo? Se l'ipotesi dell'inesistenza di confini è corretta, non ha avuto alcuna libertà nello scegliere le condizioni iniziali. Avrebbe avuto solo la libertà di scegliere le leggi a cui l'universo ubbidisce.

Ma questa non sarebbe stata un gran che, come scelta. Potrebbe esistere una sola teoria unificata che permetta l'esistenza di strutture complicate come gli esseri umani, capaci di investigare le leggi dell'universo e di interrogarsi sulla natura di Dio.

PARTE QUINTA

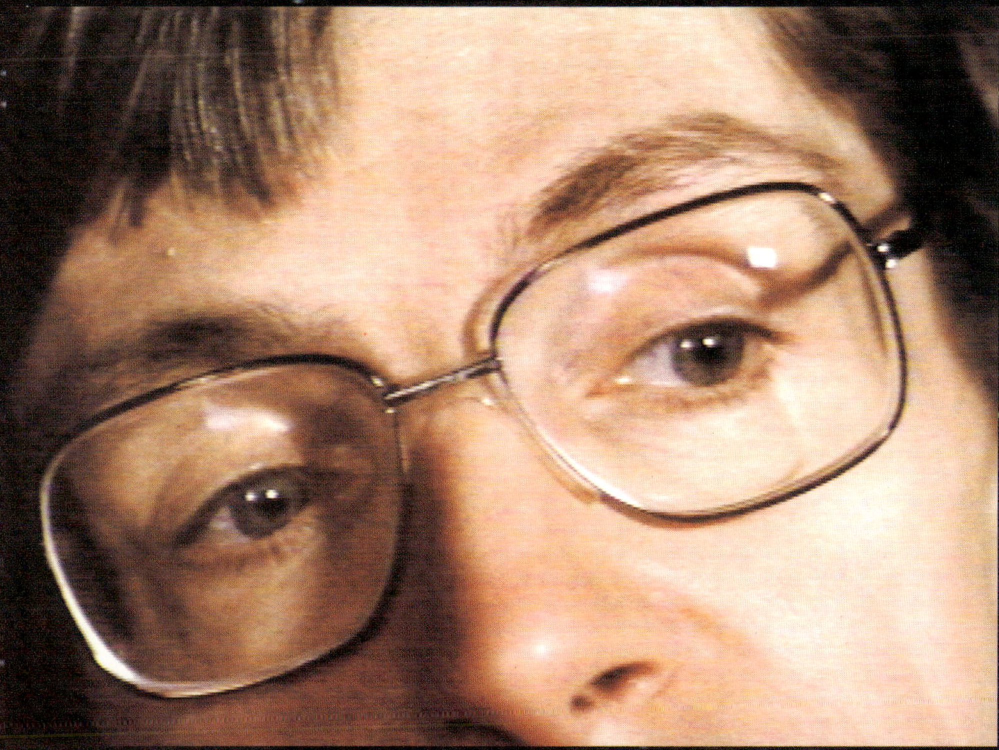

Bernard Carr

Al Caltech, io e Stephen discutevamo una volta a pranzo sulla natura della fama e se ne venne fuori con la definizione secondo cui sei famoso quando ti conoscono più persone di quante ne conosca tu. Dopo pranzo si stava tornando in facoltà, quando ci incrociò uno sconosciuto che lo salutò. Io non sapevo chi fosse e lo chiesi a lui: «Stephen, chi era?». Stephen mi guardò (a quei tempi era ancora in grado di parlare) e rispose: «Era la fama».

Stephen Hawking

Nel 1979 fui eletto titolare della stessa cattedra di matematica di Isaac Newton. C'è un grande registro in cui devono mettere la loro

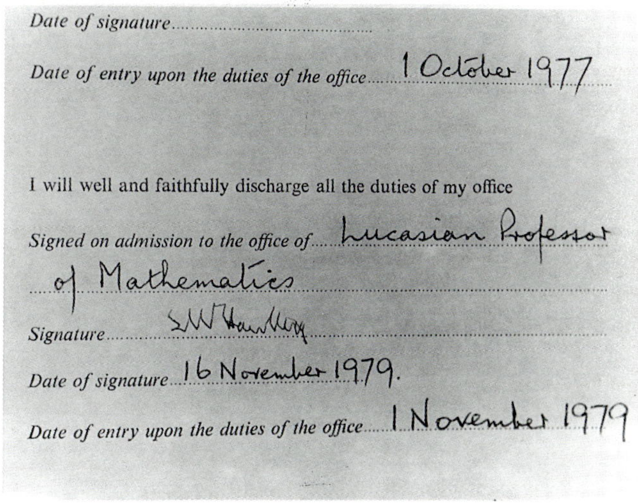
Date of signature..........

Date of entry upon the duties of the office 1 October 1977

I will well and faithfully discharge all the duties of my office

Signed on admission to the office of Lucasian Professor of Mathematics

Signature S W Hawking

Date of signature 16 November 1979.

Date of entry upon the duties of the office 1 November 1979

«È stata l'ultima volta che ho apposto la mia firma.»

firma tutti i docenti universitari. Io ero già titolare da più di un anno quando si accorsero che non avevo mai firmato. Così mi portarono il libro in ufficio e io firmai con una certa difficoltà. È stata l'ultima volta che ho apposto la mia firma.

Bernard Carr

Avevo una certa soggezione di Stephen come mio supervisore. È inevitabile che ci si senta in soggezione davanti ai propri supervisori; quando poi il supervisore è Stephen, la soggezione ovviamente aumenta.

D'altra parte ebbi modo di conoscere Stephen piuttosto bene, perché diventò un amico quando vissi presso la sua famiglia per un anno. A quei tempi Stephen poteva ancora parlare, ma era difficile capirlo per chi non lo conosceva bene. Teneva ancora seminari e con grande sforzo riusciva a farsi capire, tuttavia quando c'erano delle riunioni accadeva che spesso i suoi studenti o qualche suo familiare dovessero fungere da interpreti.

Con il passare degli anni le difficoltà aumentarono. Una volta, dopo un ricevimento, qualcuno lo aiutava a scendere le scale e Stephen cercava di dirgli qualcosa. Siccome la persona che lo aiutava non lo capiva, Stephen continuava a ripetere le stesse parole. Questa persona si preoccupò non poco e pensò: «Mio Dio, potrebbe essere qualcosa di molto grave, forse Stephen sta male». Così lo lasciò e tornò indietro di corsa gridando: «Presto, venite ad aiutarmi. Stephen ha bisogno d'aiuto!».

Tutti corsero giù per le scale e qualcuno riuscì finalmente a interpretare le parole di Stephen. Stava ripetendo la battuta finale di una barzelletta.

Nel 1982, la pesante retta della nuova scuola della figlia Lucy indusse Stephen Hawking a scrivere un libro sull'universo rivolto ai lettori privi di formazione scientifica. Nel 1984 aveva completato la prima stesura di Dal Big Bang ai buchi neri *e stava già lavorando alle correzioni. Poi, a Ginevra, fu colpito da un attacco di polmonite e per aver salva la vita dovette sottoporsi a un intervento di tracheotomia per il quale non fu più in grado di parlare.*

BRIAN WHITT

Stephen si ammalò in Svizzera. Quando tornò, usava un apparecchio per la respirazione, per cui aveva un tubo in gola. Da quel momento non fu più in grado di parlare.

Non ricordo per quanto tempo rimase nel reparto di cure intensive a Cambridge, ma durante quel periodo di forse un paio di mesi io trascorsi in ospedale probabilmente una notte su due o tre, perché non era in grado di comunicare con le infermiere. Non era solo gravemente malato: le infermiere semplicemente non riuscivano a capire che cosa voleva. Se era scomodo, non sapevano perché. Così alcuni di noi andavano a turno in ospedale perché ci fosse qualcuno con lui in ogni momento.

Brian Whitt preparò il suo dottorato sulla gravità quantistica tra il 1982 e il 1985 sotto la supervisione di Stephen Hawking e trascorse altri tre anni a lavorare con Hawking con una borsa di studio. Oggi dirige un'attività propria nel settore dei computer a Cambridge.

Dopo molto tempo, un periodo che comunque a me sembrò molto lungo, a qualcuno venne un'idea brillante, una lastra di plexiglas con le lettere dell'alfabeto e un'apertura al centro. Tenendolo fra due persone, ciascuna riesce a capire che lettera l'altra sta guardando. Il più delle volte. Qualche volta non c'era la certezza e allora si chiedeva l'aiuto di qualche paziente. Sceglievano la «A». E tu dicevi «A?». Ci ho azzeccato? Era un gioco di indovinelli.

Ci volle parecchio tempo prima che Stephen accettasse l'idea di usare un computer per comunicare. Non è che avesse assunto un atteggiamento del tipo: «Oh, cosa vuoi che m'importi», oppure «Uffa, che scocciatura». Stephen era restio perché non accettava l'idea che non avrebbe potuto parlare mai più. Pensava che trovare un mezzo di comunicazione diverso dalla parola fosse una rinuncia.

Ricordo la sera che andai a trovarlo e per la prima volta chiese che lo si aiutasse a scendere dal letto per usare il computer. La prima cosa che scrisse dopo «Ciao» (Stephen era sempre molto cortese) fu: «Mi aiuti a finire il mio libro?».

STEPHEN HAWKING

Prima dell'operazione il mio modo di parlare era diventato molto confuso, tanto che solo

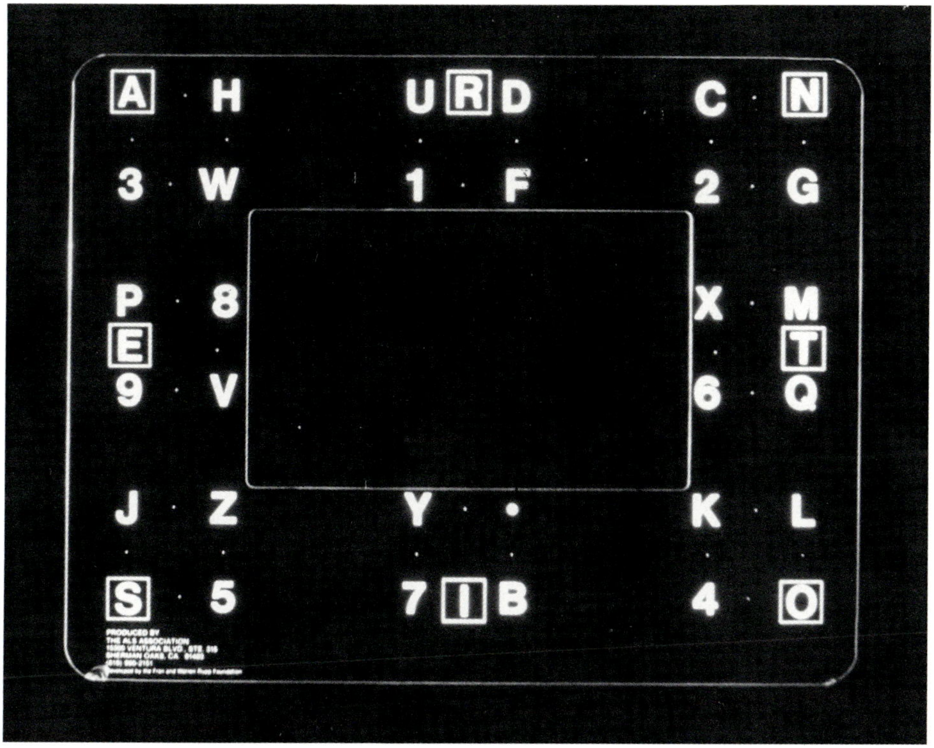

La lastra di plexiglas. Per un certo periodo fu per Stephen Hawking l'unico mezzo di comunicazione.

poche persone che mi conoscevano bene riuscivano a capirmi. Scrivevo articoli scientifici dettandoli a una segretaria e tenevo seminari con l'ausilio di un interprete. L'intervento di tracheotomia mi tolse del tutto la capacità di parlare.

BRIAN WHITT

Aveva un'idea generale di come dovevano funzionare le cose. Non essendo in grado di dire: «Guarda questo articolo, è dimostrato qui», cercava di capire come funziona il mondo dicendo: «È così che deve accadere per come lo capisco io», non perché potesse dimostrarlo sulla base di quanto sapeva a quel punto.

E naturalmente certe volte sbagliava. E talvolta, dopo che lui ti aveva detto così, tu te ne andavi e facevi dei calcoli per conto tuo e tornavi per dirgli: «Guarda che ti sei sbagliato» e lui non voleva crederci. Allora gliene parlavi e un paio di settimane dopo ti rendevi conto che aveva ragione, che la sua intuizione era migliore dei tuoi calcoli. Io credo che questo sia un aspetto molto importante della sua mente, la capacità di pensare più avanti invece di procedere passo dopo passo, di saltare i calcoli semplici e formulare una conclusione.

Avevamo entrambi un forte desiderio di diffondere le idee scientifiche; è importante che anche i profani che non si occupano di scienza ne abbiano una comprensione. Ed eravamo entrambi desiderosi di provare a scrivere un libro che la gente potesse leggere, anche se mai ci eravamo aspettati che accadesse ciò che è accaduto.

Stephen era del tutto contrario a compromessi sull'accuratezza. Bisognava naturalmente abbellire un po' i concetti ed è ovvio che non si può spiegare ogni piccolo particolare, ma, per quanto è possibile, nell'usare un'analogia si vuole che non vada in briciole al primo ostacolo; si desidera che un'analogia sia abbastanza fedele perché una persona possa mettersi a pensare in quei termini senza estrapolarla e trovare che non se ne ricava niente di accettabile. Abbiamo discusso a lungo di analogie domandandoci se fossero veramente valide. Nella prima bozza, mettiamo, Stephen spiegava qualcosa in termini scientifici, dopodiché diceva: «Be', questo non lo capirà nessuno. Vediamo di esprimere lo stesso concetto con un'analogia». Passo per passo, cercavamo volutamente analogie che semplificassero la spiegazione. Ci sono naturalmente analogie storiche, dovute a Einstein e altri, analogie che sono già state utilizzate in precedenza, però ce ne sono anche altre escogitate da noi o da noi migliorate.

C'è per esempio un'analogia per spiegare il concetto complesso che le particelle che appaiono diverse a energie inferiori potrebbero in effetti essere la stessa particella a energie più alte. Diciamo: «Ecco qui cose che sono diverse e noi vediamo bene che sono diverse e possia-

mo spiegare in che modo sono diverse, hanno masse diverse, proprietà diverse e così via». Poi diciamo: «Ma secondo le nostre teorie, a energie alte queste cose sono la stessa cosa, sembra solo che siano cose diverse a energie basse. Dunque, che cosa vorrebbe dire?».

L'analogia che escogitammo per quel caso fu quella della pallina che gira nella ruota di una roulette. Mentre la ruota gira, gira anche la pallina che potrebbe fermarsi in uno qualunque dei numeri. Dunque qualunque pallina che finisca in una qualunque delle posizioni sulla ruota della roulette è in realtà la stessa. Piano piano il sistema rallenta e perde energia e a un certo momento la pallina finisce nella casella di un numero, diciamo del numero 26. Non c'è niente di speciale nel numero 26, la stessa pallina sarebbe potuta finire in una qualunque delle altre posizioni, al decrescere dell'energia, e se si ricomincia a far girare la ruota per accrescerne l'energia, la pallina riprende a correre e potrebbe finire su uno qualunque di quei numeri.

Questa è una delle analogie da noi escogitate dopo aver lungamente meditato su come spiegare un concetto. Ciò che cercavamo di ottenere era un'analogia che potesse essere visualizzata.

Ian Moss

Stephen usciva di casa la mattina, viaggiava da solo e arrivava sul lavoro verso le undici, così che per la maggior parte ci presentavamo anche noi verso le undici. Poi c'era la pausa del caffè. La pausa del caffè si prolungava fino a mezzogiorno, mettiamo, poi c'era la pausa per la colazione che cominciava all'una e durava fin verso le tre.

Qualcuno chiedeva a Stephen che cosa pensava del suo lavoro o un'opinione su qualche altro fatto interessante e cominciavano discussioni che non finivano mai, duravano anche tutto il pomeriggio, se necessario. È incredibile che si riuscisse a combinare qualcosa, visto che eravamo sempre seduti in mensa a chiacchierare. Non ricordo un solo momento in cui fossimo nei nostri uffici a lavorare. Era una gran bella atmosfera.

Ian Moss studiò per il dottorato con Stephen Hawking a Cambridge nei primi anni Ottanta. Attualmente è docente di fisica all'Università di Newcastle.

BRIAN WHITT

Stephen era un ottimo insegnante soprattutto per il tempo e l'interesse che dedicava ai suoi studenti. Molti professori universitari sono poco disponibili e non frequentano molto i loro studenti. Stephen ti seguiva per tutta la giornata.

Era ormai quasi del tutto incomprensibile e c'erano sì e no cinque o sei persone capaci di capirlo. Poi le cose cambiarono quando perse la voce, si capisce, ma in un certo senso cambiarono in meglio, perché non potendo più parlare si mise nelle condizioni di comunicare con tutti.

CHRISTOPHER ISHAM

Nei giorni in cui riusciva ancora a parlare era possibile capirlo. Se restavo via a lungo, quando tornavo perdevo la capacità di capirlo, ma scoprii che mi bastavano un paio di minuti per riacquistarla. C'erano certamente dei casi in cui parlava a qualche studente che forse non lo conosceva ancora molto bene e se la prendeva parecchio quando non riusciva a far capire la parola che stava cercando di pronunciare. Ora naturalmente è tutto molto diverso con il sintetizzatore vocale.

STEPHEN HAWKING

Per un certo periodo dopo l'intervento di tracheotomia l'unico modo che ho avuto per comunicare è stato compitando le parole lettera per lettera, sollevando le sopracciglia quando qualcuno mi indicava quella giusta su un cartoncino. È già molto difficile portare avanti una conversazione in questa maniera, immaginate che cosa volesse dire scrivere un articolo scientifico.

Un esperto di computer in California venne a sapere delle mie difficoltà e mi inviò un programma che mi permetteva di selezionare parole da una serie di menu sullo schermo premendo un pulsante che tenevo in mano. Il programma poteva essere controllato anche da un interruttore che ubbidiva ai movimenti della testa o degli occhi. Quando ho messo insieme abbastanza di ciò che desidero dire, posso inviarlo al sin-

Il telecomando che Stephen Hawking usa per controllare il suo programma. Lo può controllare con la mano, o con i movimenti di testa e occhi, e lo chiamano «clicker» per il rumore che fa l'interruttore.

Lo schermo del computer montato sulla sedia a rotelle di Hawking.

tetizzatore montato con un computer sulla mia sedia.

Questo sistema mi permette di comunicare molto meglio di prima. Riesco a trasmettere fino a quindici parole al minuto. Posso pronunciare quello che ho scritto o salvarlo su disco.

La voce è importante per una persona. Se hai la tendenza a farfugliare, è probabile che la gente ti tratti come un ritardato mentale. Il sintetizzatore che ho io è di gran lunga il migliore che abbia mai sentito, perché varia l'intonazione e non sembra una macchina. L'unico problema è che mi dà un accento americano.

Mentre Stephen era ancora in convalescenza dopo l'intervento chirurgico, Frank Hawking si ammalò gravemente e morì nel 1986.

MARY HAWKING

Mio padre aveva dedicato molto del suo tempo in ricerche su tutto quello che era stato tentato e tutto quello che si sapeva della malattia dei motoneuroni. Una delle persone che lavoravano con lui disse che aveva praticamente sospeso il lavoro per un anno intero solo per mettersi in contatto con tutte le persone che potessero sapere qualcosa di più o tentare qualcosa di nuovo. Ancora oggi ricevo tutte le documentazioni sulla ricerca sui virus lenti che venivano inviate a lui.

Prese molto male la morte di suo padre, fu un momento terribile. Stephen rimase in ospedale per molto tempo dopo la tracheotomia e non aveva nessun veicolo speciale con cui andare avanti e indietro. Per lui era difficile venire e per me era difficile andarlo a trovare in un momento in cui mio marito aveva bisogno della mia presenza. Nessuno si era accorto di quanto fosse vicino alla morte eccetto Mary, che è medico e lo seguiva da vicino. Così è stata lei a telefonare a Stephen per avvertirlo. Anche Stephen non se n'era reso conto. Credo che sia venuto il giorno dopo. Voleva molto bene a suo padre, ma negli ultimi anni non si erano frequentati molto.

Non credo che Stephen abbia mai avuto particolare interesse per il lavoro di suo padre e suo padre non ha mai cercato di sollecitarlo in tal senso, perché si occupavano di cose molto diverse. Avevano però lo stesso molto in comune. Lui era di grande ispirazione per Stephen per la capacità sintetica del suo modo di ragionare.

Credo che avessero discusso del libro di Stephen nelle prime fasi, dato che Stephen lo stava scrivendo già prima che suo padre morisse. Credo anzi che ne abbia letta la prima stesura e che l'abbia trovata molto interessante.

La meccanica (classica o quantistica) non ha una preferenza per la direzione del tempo. Se si gira un film dei pianeti che orbitano intorno al sole e lo si proietta alla rovescia, il movimento contrario ubbidirebbe alla teoria gravitazionale di Newton tanto quanto quello originale; potrebbe essere in via di principio il movimento effettivo di pianeti di qualche lontano sistema solare.

Ma l'universo ha una direzione del tempo preferita. Le stelle bruciano il loro combustibile nucleare, gli animali invecchiano e le persone ricordano il passato e non il futuro. Tutte le stelle e gli animali e la gente lo fanno inoltre nella stessa direzione; non è che alcuni di noi ricordano il passato mentre altri ricordano il futuro. Esiste una freccia del tempo universale.

Come abbia origine la freccia del tempo è stato compreso da più di un secolo. Prendiamo un mazzo nuovo di carte e mutiamone l'ordine mescolandole come meglio ci pare. Facciamolo tre o quattro volte e prendiamo nota dell'ordine in cui appaiono le carte prima di ogni nuova mescolata. Se sottoponiamo a un'altra persona i dati che abbiamo trascritto, costui non avrebbe difficoltà a organizzarli in ordine di tempo. Il primo elenco sarebbe quello del mazzo nuovo, con le carte tutte in ordine. Quello successivo sarebbe quello in cui compare un certo grado di disordine. Quello ancora successivo è l'elenco in cui il disordine è aumentato e così via. (Dopo quattro o cinque mescolate, il mazzo è in disordine completo e la procedura non è ripetibile, ma se pensate di cominciare con un mazzo molto più voluminoso di quello normale di cinquantadue carte, si possono aggiungere molte altre fasi prima di dover sospendere l'operazione.)

Questo non ha niente a che fare con il modo particolare di mescolare le carte. La cosa più importante è che si cominci con un mazzo nuovo, uno in cui c'è un alto grado di ordine. In base al secondo principio della termodinamica, qualunque processo meccanico, non solo il mescolamento di un mazzo di carte, accresce (o quanto meno non diminuisce) il disordine di un sistema. Se l'universo è cominciato in una condizione di alto ordi-

ne, come nel caso di un mazzo di carte ancora nuovo, questo principio è sufficiente a spiegare tutti i casi osservati della freccia del tempo. (Anche se in certi casi il processo di ragionamento richiesto per dimostrarlo è lungo e difficile.)

Pertanto una spiegazione completa della freccia del tempo richiede una spiegazione sul perché l'universo sia cominciato come è cominciato. È un problema di cosmologia.

STEPHEN HAWKING

Che cosa accadrebbe se e quando l'universo smettesse di espandersi e cominciasse a contrarsi? La freccia termodinamica invertirebbe la sua direzione e il disordine comincerebbe a decrescere con il tempo? Vedremmo i cocci di una tazza rotta riunirsi sul pavimento e ritornare con un balzo sul tavolo? Saremmo in grado di ricordare i prezzi di domani facendo fortuna sul mercato azionario? Io ritenevo che, collassando, l'universo dovesse tornare a uno stato omogeneo e ordinato. In questo caso, nella fase di contrazione le persone avrebbero vissuto la loro vita a ritroso. Sarebbero morte prima di nascere e sarebbero ringiovanite al progressivo rimpicciolirsi dell'universo. Alla fine sarebbero scomparse nel ventre materno.

RAYMOND LAFLAMME

Mi assegnò il primo problema e di solito, quando dà un problema, ha una buona idea di

«Che cosa accadrebbe se e quando l'universo smettesse di espandersi e cominciasse a contrarsi? La freccia termodinamica invertirebbe la sua direzione e il disordine comincerebbe a decrescere con il tempo? Vedremmo i cocci di una tazza rotta riunirsi sul pavimento e ritornare con un balzo sul tavolo?»

Raymond Laflamme è un canadese che ha studiato sotto Stephen Hawking dal 1984 al 1988. I suoi studi sulla cosmologia quantistica e la funzione d'onda dell'universo hanno dimostrato che Hawking aveva sbagliato ipotizzando che la freccia del tempo si sarebbe rovesciata al contrarsi dell'universo. È attualmente docente al Peterhouse College di Cambridge.

quella che dovrebbe essere la risposta. Io lo studiai e mi ci volle qualche mese per capire di che cosa si trattava. Quando tornai da lui gli dissi: «Stephen, questa è la risposta che ottengo io».

«No, non è quella che mi aspettavo» rispose lui.

«Ma è quella che viene a me, Stephen» insistei.

Così andai alla lavagna e glielo spiegai.

«Avevi pensato a questo caso particolare?» mi chiese.

Gli risposi di no.

Così ripresi a calcolare ciò di cui mi aveva parlato e mi ripresentai dopo qualche settimana e gli dissi: «Stephen, io non ci arrivo. Continuo a ottenere la stessa risposta che avevo all'inizio».

«No, no, non va bene» protestò lui. «A questo hai pensato?» Io dissi: «Oh, no, mi ero dimenticato di quel caso».

Così tornai ai miei calcoli e ottenni di nuovo la risposta di prima. Tornai da Stephen e così andò avanti per due o tre mesi, finché lui disse: «Forse una delle tue approssimazioni non è valida». Così con un collega decidemmo di riprovare con l'aiuto dei computer. Ci volle un mucchio di tempo per scrivere tutti i programmi, elaborare i calcoli ed essere certi che il programma non contenesse errori.

Ottenemmo la stessa risposta di prima.

In quel momento entrò Don Page che disse:

«Raymond, quello è un risultato che mi interessa parecchio perché è più o meno lo stesso che ottengo io. Ma da un punto di vista diverso».

Così decidemmo che dovevamo convincere Stephen che in quel campo in particolare avevamo ragione e il campo in questione era la freccia del tempo. Ricordo quello che mi disse Don: «È meglio che la prendiamo alla lontana e cerchiamo di convincerlo piano piano delle nostre ipotesi prima di dirgli qual è il risultato, perché se gli diciamo il risultato e non è quello che vuole lui, concluderà che c'è qualcosa di sbagliato nelle nostre ipotesi». Decidemmo in-

Stephen Hawking alla sua scrivania.

Uno scorcio da dietro la scrivania.

vece di esporre correttamente le nostre ipotesi perché Stephen concordasse con noi prima che gli comunicassimo il risultato. Così lavorammo di comune accordo per un mese e finalmente lo persuademmo che avevamo ragione.

STEPHEN HAWKING

Avevo commesso un errore. Era risultato che usavo un modello di universo troppo semplice. Il tempo non invertirebbe la sua direzione quando l'universo cominciasse a contrarsi. La gente continuerebbe a invecchiare, perciò non serve a niente aspettare che l'universo ricominci a collassare per ritrovare la propria gioventù.

BERNARD CARR

In un certo senso Stephen è sempre di fronte alla morte. È una possibilità sempre presente. Credo che sia un fattore importante nello sviluppo di Stephen, perché questo lo spinge a lavorare in fretta, gli dà il senso del limite ristretto del suo tempo individuale spingendolo a lavorare molto intensamente.

Ma credo che una delle molle che hanno spinto Stephen sia la sua straordinaria determinazione a capire l'universo. La morte è compagna di tutti noi, ma lo è in modo particolare di Stephen. Gli dà una motivazione più forte.

La domanda che si pongono sempre tutti è: se non fosse stato malato, avrebbe dato un contributo altrettanto grande alla scienza o magari un contributo più grande ancora? Non mi è chiaro se la malattia lo abbia influenzato nel senso di costituire un impedimento alla sua produzione scientifica; forse non avrebbe raggiunto risultati altrettanto buoni se non fosse stato malato. Ne deduco perciò che la sua invalidità ha funzionato in entrambi i sensi.

STEPHEN HAWKING

L'universo ha due destini possibili. Può continuare a espandersi per sempre, o può ricominciare a collassare e finire nel big crunch. Io predico che alla lunga l'universo giungerà alla sua fine nel big crunch. Ho tuttavia alcuni vantaggi su altri profeti di sventura. Qualunque cosa accadrà fra dieci miliardi di anni, non mi aspetto di esserci per venire smentito.

Don Page

Recentemente, a Mosca, eravamo al ristorante in un locale dove c'era una piccola pista da ballo e Stephen cercava di convincere alcuni di noi ad andare a ballare. Ebbene, nessuno trovò il coraggio di farlo, ma più tardi, quando uscimmo, dovemmo passare tutti vicino alla pista e Stephen vi piroettò sopra sulla sedia a rotelle. Fu una scena notevole.

Hawking nel suo studio con Don Page e il figlio di Page. Agosto 1988.

Ian Moss

La sedia a rotelle costituisce un problema pratico durante i viaggi perché deve essere caricata sull'aereo. Se venisse caricata nella stiva dei bagagli, Stephen sarebbe costretto ad aspettare un'ora o due prima di recuperarla, un problema non da poco perché non ci sarebbe un posto dove metterlo. Una volta insistette a tal punto che l'equipaggio accettò di caricare la sedia in prima classe mentre noi viaggiavamo in seconda. E naturalmente è un bel pasticcio passare i controlli agli aeroporti, perché chiunque viaggi su una sedia a rotelle deve passare per il metal detector e la sedia non ci passa.

Solo in un'occasione gli agenti vollero perquisirlo, una cosa che a me sembrò un po' umiliante per lui. Mi rendo tuttavia conto che Stephen rappresenta un rischio per la sicurezza. Confesso di aver contrabbandato una scatola di sigari nascondendola nella sua sedia a rotelle.

Don Page

Hawking fu eletto membro della Royal Society e all'epoca era il più giovane. Un paio d'anni dopo elessero anche il principe Carlo e per l'occasione invitarono a Londra alcuni dei membri più giovani. Io non ci andai, ma Jane mi ha raccontato che il principe Carlo s'invaghì della sedia a rotelle di Stephen. A Stephen piace esibirsi volteggiando sulla sedia e, a quanto pare, mentre faceva piroette schiacciò un piede al principe Carlo. Spero che il principe abbia ancora tutte le dita sane. Questo è un particolare che credo di avere in comune con il principe Carlo: siamo finiti tutti e due sotto le ruote di Stephen Hawking.

Stephen Hawking

La sera di mercoledì, 5 marzo 1991, verso le undici meno un quarto, tornavo al mio alloggio di Pinehurst. Era buio e pioveva. La sedia a rotelle aveva luci anteriori e posteriori come quelle di una bicicletta. In Grange Road vidi dei fari che venivano verso di me, ma giudicai che fossero abbastanza lontani da poter attraversare senza rischio. Invece evidentemente il veicolo viaggiava a forte velocità, perché avevo appena superato il centro della strada quando l'infermiera gridò: «Attento!». Sentii lo stridere delle gomme e la mia sedia ricevette un urto terribile da dietro.

Io finii in strada con le gambe sopra i resti della sedia. L'incidente aveva distrutto la mia sedia a rotelle e danneggiato il computer con il quale comunico. Io mi trovai con l'omero sinistro fratturato e tagli alla testa che richiesero tredici punti.

Quarantott'ore dopo era di nuovo al lavoro nel suo ufficio.

Isobel Hawking

Non si sente per nulla diverso da chiunque altro. Se ci riesce lui, be', allora ci può riuscire chiunque. È per questo che il suo libro non è un libro per specialisti. Intendo dire che si rivolge a chiunque e Stephen crede che chiunque sia in grado di capirlo. Crede che lo capisca anch'io. Io penso che sia un po' troppo ottimista. Ma lui ci crede davvero.

Christopher Isham

Normalmente, quando si lavora in fisica teorica, si ha davanti a sé un foglio di carta sul quale si scribacchia, si pensa un po' e si prende qualche nuovo appunto e così via. Io ho un rapporto di dieci a uno, fra gli scarti che finiscono nel mio cestino e le cose che vengono incluse nei miei appunti.

Stephen deve fare tutto questo mentalmente, naturalmente, ed è davvero notevole nei suoi scritti vedere come riesca a rimanere in tema; non mostra la tentazione di scivolare in vicoli laterali come fanno alcuni di noi. Usa molto del suo tempo succintamente e molto semplicemente; sceglie sempre i metodi più semplici dove possibile, il che naturalmente rappresenta l'eleganza stessa di un'esposizione di fisica.

Io credo che in questo senso la sua malattia abbia avuto un effetto diretto sul suo modo di lavorare. E naturalmente l'altro effetto evidente è la difficoltà di comunicare con i colleghi scienziati; questo deve essere molto frustrante per lui e per noi. Non si può andare da lui e dire semplicemente: «Guarda, questo non lo capisco. Vedi, c'è qualcosa qui, in questo tuo scritto, ecco questo e quello eccetera». Lo si può anche fare, ma poi Stephen è costretto a dedicare gran parte della sua giornata alla risposta che deve darvi. Questo inibisce ovviamente la comunicazione scientifica.

In fisica teorica abbiamo un modo molto efficiente di diffondere la parola scritta: ci mandiamo l'un l'altro le bozze definitive di quello che stiamo per mandare in stampa e leggendo quello che Stephen ha scritto ci si fa naturalmente un'idea abbastanza buona di quello che sta facendo. Potrei dire che per molti versi riesce a cavarsela quasi come se non fosse malato, non si riesce in verità a individuare nel suo lavoro i segni di qualcuno che ha dovuto lottare contro un problema terribile, come invece è, se non forse nella chiarezza dello stile che ha sviluppato.

Io credo che, se si è colpiti da una forma di invalidità, si ha la tendenza a esaminarsi, in certa misura. E se si diventa introspettivi, è certamente un bene per la fisica teorica. La fisica teorica è un mestiere che si fa principalmente in grande solitudine. Anche lavorando in piccoli gruppi, di due e talvolta tre ricercatori, alla fine della giornata uno deve sedersi per conto suo con un taccuino e fare qualche meditazione individuale.

Immagino che l'invalidità di Stephen lo abbia incoraggiato a lavorare in quei settori in cui era particolarmente indicata l'applicazione di un'intensa concentrazione di pensiero, invece di dedicarsi a quantitativi esorbitanti di calcoli. Ci sono per esempio branche della fisica delle particelle elementari dove una ricerca può richiedere calcoli molto complicati, da svolgere sulla carta o con un computer, ed è un lavoro quantitativamente imponente. È chiaro che Stephen non si è occupato di questo genere di ricerca, preferendo, particolarmente in questi ultimi anni, quegli argomenti che richiedono meditazioni molto intense. C'è per esempio l'aspetto metafisico, e ovviamente egli se ne occupa; ci pensa con grande concentrazione, riflettendo sui fondamenti della meccanica quantistica e sulle relazioni che hanno con ciò che sta facendo. In questo senso anche, perciò, si può forse vedere come la sua malattia lo abbia spinto a una certa introspezione.

JANET HUMPHREY

Io credo che sia significativo che il problema del tempo riappaia tanto prepotentemente. Nell'elaborare le sue idee deve esserci una dose della sua esperienza. I ricordi che ho io sono soprattutto immagini visive di com'era Stephen, lo rivedo in certe situazioni. Era sempre in movimento, sempre. Lo stesso si può dire del suo volto e dei gesti, forme di comunicazione che usava moltissimo. Ma questo è solo un ricordo. Ultimamente ho ritrovato certe fotografie che mi rammentano l'aspetto generale di tutte le persone che ho conosciuto e devo dire che Stephen era più o meno com'è ora.

Isobel Hawking

Stephen crede molto intensamente nelle capacità quasi infinite della mente umana. Bisogna trovare che cosa non si può sapere prima di sapere di non poterlo sapere, non è vero? Dunque io non credo che si debbano porre limiti al pensiero. Perché non si dovrebbe cercare di pensare l'impensabile? Qualcuno deve pur cominciare prima o poi. Quante cose erano impensabili cent'anni fa? Eppure c'è stato chi le ha pensate e spesso sembravano anche del tutto impossibili. Probabilmente non tutte le cose che dice Stephen devono essere prese come verità di vangelo. Stephen è un ricercatore, è uno che esamina. E se qualche volta dice delle sciocchezze, ebbene, non capita a tutti noi? Il punto è che la gente deve pensare, deve continuare a pensare, deve cercare di allargare i confini del sapere; eppure certe volte non sa nemmeno da dove cominciare. Non si sa dove sono i confini, vero? Non si sa qual è il proprio punto di partenza.

John Wheeler

La prima volta che l'uomo portò una stella sulla terra fu alle cinque e mezzo del mattino di un giorno di luglio, sul deserto del New Mexico. E quel primo pezzetto di materia, nel 1945, si comportò secondo le aspettative e ci diede una prova meravigliosa della nostra capacità di predire, la prova della correttezza delle nostre teorie.

Era qualcosa che restava al di fuori di tutta l'esperienza umana sulla terra; ciononostante si può anche dire che l'espansione dell'universo, come predetta da Einstein, è così assurda che al principio nemmeno lui riusciva a crederci. È la prova più grande che l'uomo abbia mai avuto che le nostre teorie funzionano e fanno previsioni con una forza che supera la nostra consapevolezza originaria. Abbiamo avuto teorie sbagliate e il bello della comunità scientifica è che una teoria sbagliata viene individuata e scoprendo dove è sbagliata impariamo qualcosa di nuovo.

Dunque secondo me il mondo che ci circonda è pieno di quelli che gli antichi romani chiamavano *flammantia moenia mundi*, le mura fiammeggianti del mondo, le frontiere dell'umano sapere, dal funzionamento dei geni al modo in cui si moltiplica la vita, a come si espande l'universo, a come i buchi neri risucchiano le informazioni... tutto questo rappresenta le frontiere non solo della scienza, ma del genere umano. Oggi siamo, secondo il mio punto di vista, semplicemente dei bambini. C'è tanto di inesplorato, tanto di meraviglioso, che ancora deve essere scoperto. E io credo sempre di più che uomini, donne e bambini acquisiscano sempre maggior consapevolezza che siamo tutti imbarcati nella più stupenda delle avventure umane di oggi, nel «qui e ora», impegnati come siamo nell'esplorazione di queste frontiere.

STEPHEN HAWKING

Se finalmente scopriremo una teoria completa, bisogna che con il tempo sia comprensibile nel complesso da tutti e non solo da pochi scienziati. Dunque tutti noi, filosofi, scienziati e profani, dobbiamo essere in grado di partecipare alla discussione sul perché dell'esistenza nostra e dell'universo. Se troviamo la risposta a questa domanda, sarà il trionfo definitivo della ragione umana, perché allora conosceremo la mente di Dio.

CONTRIBUTI

Robert Berman «Era sicuramente lo studente più intelligente che avessi mai avuto.»

Gordon Berry «Steve cadde praticamente dalle scale.»

Bernard Carr «Al Caltech io e Stephen discutevamo sulla natura della fama.»

Brandon Carter «Sarebbe un modo molto emozionante per mettere fine alla propria vita.»

Michael Church «All'improvviso mi accorsi che mi stava prendendo all'amo.»

Norman Dix «Ci sono timonieri avventurosi e timonieri molto squadrati.»

Jim Hartle «Chiunque abbia superato i dodici anni sa che nel mondo la certezza non esiste.»

Edward Hawking «Ma era casa nostra e le volevamo bene comunque.»

Isobel Hawking «Fortuna. Fortuna. Sì, abbiamo avuto molta fortuna.»

Mary Hawking	«Avevo sempre l'impressione che i padri fossero come gli uccelli migratori.»
Stephen Hawking	«Mi chiesero dei miei progetti per il futuro. Risposi che volevo dedicarmi alla ricerca.»
Antony Hewish	«Chi si sarebbe mai sognato di trovare segnali apparentemente intelligenti provenienti dal cielo?»
Fred Hoyle	«Preferisco affrontare problemi di cui scorgo una possibilità di soluzione.»
Janet Humphrey	«Una volta decise che la sera sarebbe stato bello dedicarsi alle danze scozzesi.»
Christopher Isham	«La creazione dell'universo è raffigurata come una specie di forma continua.»
Basil King	«Così scommettemmo un sacchetto di caramelle.»
Raymond Laflamme	«Stephen, continuo a ottenere la stessa risposta che avevo all'inizio!»
John McClenahan	«Per me era tipico di una famiglia come quella.»
Ian Moss	«Confesso di aver contrabbandato una scatola di sigari nascondendola nella sua sedia a rotelle.»
Don Page	«È una domanda alla quale la scienza non ha risposte da dare.»

Roger Penrose

«Attraversando la strada mi era venuta un'idea, ma mi scappò completamente dalla testa.»

Derek Powney

«Una sera ce ne stavamo tranquillamente seduti, quando mi chiese: ''Hai mai letto le elegie di John Donne?''»

Patrick Sandars

«Dopodiché mi fu chiaro che ne sapeva più di me.»

Dennis Sciama

«È tutto diverso, è tutto cambiato!»

John Taylor

«Un orologio da polso che naturalmente è stato distrutto, come del resto, lo dico con rammarico, anche il polso.»

Kip Thorne

«Mise a punto una serie di strumenti molto efficaci che nessun altro aveva.»

John Wheeler

«La ragazza è la stella comune e il ragazzo è il buco nero.»

Brian Whitt

«L'analogia che escogitammo fu quella della pallina che gira nella ruota di una roulette.»

POSTFAZIONE

IL FILM E IL LIBRO

Lo scopo di questo libro è quello di dare al lettore di *Dal Big Bang ai buchi neri* e allo spettatore del documentario che Errol Morris ha girato prendendo spunto da quel libro una migliore comprensione della vita e del lavoro di Stephen Hawking. Contiene in larga misura materiale che è stato raccolto per il film, intitolato come il volume originale *A Brief History of Time*, con l'aggiunta di interviste, illustrazioni e brani narrati dallo stesso professor Hawking.

Nei *Ringraziamenti*, Hawking si è detto convinto che le idee di base sull'origine e il destino dell'universo possano essere illustrate senza far ricorso alla matematica in una forma che risulti comprensibile a persone che non hanno ricevuto un'educazione scientifica. Ha ottenuto questo risultato con straordinario successo, come dimostra la vasta popolarità del suo libro. Eppure da un altro punto di vista quel libro è stupendamente ingannevole; Stephen Hawking ha dimostrato come scrittore un talento che disarma il lettore e i suoi concetti sono così avvincenti da stimolare nuove domande sulla scienza e sull'autore.

Il film e questo libro hanno lo scopo di esplorare più a fondo questi aspetti, in un viaggio che ci accompagna non solo attraverso il mondo del professor Hawking ma anche in quello della creazione di un documentario. Il film è un mezzo di comunicazione che permette allo spettatore di assimilare visivamente immagini di persone e idee complesse, con l'ausilio delle voci e della musica che ne costituiscono la colonna sonora, ed è impegno di chi lo dirige presentarne il contenuto nel modo più efficace. La pagina stampata richiede un impegno diverso e risponde a esigenze diverse. Noi speriamo che, ciascuno a modo suo, il film e il libro soddisfacciano il desiderio di spettatori e lettori di sapere di più di Stephen Hawking e del suo lavoro.

Per la realizzazione del film ci sono voluti quasi tre anni, con un costo di tre milioni e mezzo di dollari, ma è stata una occasione rara e stimolante di conoscere le persone che formano l'universo privato e professionale di Stephen Hawking e raccogliere il loro sapere, le loro opinioni e i loro ricordi, in un ritratto complessivo; e naturalmente ascoltare direttamente e a lungo Hawking stesso.

Quando proponemmo al professor Hawking di realizzare un film tratto da *Dal Big Bang ai buchi neri*, ci animava una comprensibile ansia all'idea di stabilire una collaborazione fra un'équipe cinematografica e un illustre scienziato. Dopo i primi incontri tuttavia, il disagio si trasformò in un saldo rapporto di lavoro. Nelle fasi calde del montaggio, accadeva che Stephen Hawking ed Errol Morris rimanessero per ore e ore insieme nello sforzo di raggiungere una visione comune del film.

L'impresa ha fatto sì che si ritrovassero non

solo molti membri della sua famiglia, ma anche colleghi, amici di vecchia data e alcuni dei massimi fisici viventi. La particolare abilità di Morris di indurre il suo interlocutore a rivelare se stesso nel corso di un racconto o descrivere il suo lavoro ha prodotto migliaia di metri di interviste filmate. Di fronte a una tale mole di materiale, fu presto evidente che bisognava trarne un libro, perché un documento come questo, basato sulle interviste che seguono il filo principale del discorso, dura solo novanta minuti, e quindi si sarebbe potuta utilizzare solo una piccola parte di tutto quello che era stato registrato. Inoltre il professor Hawking aveva contribuito scrivendo brani di profondo interesse che per motivi di lunghezza non si sarebbero potuti includere nel montaggio finale.

Questo libro nasce da quelle centinaia di ore di interviste, comprese quelle a nove persone che non hanno trovato posto nell'edizione finale della pellicola, permettendo fra l'altro a Stephen Hawking di parlare in maniera più estesa e diretta della sua vita e del suo lavoro. Il libro contiene anche note biografiche su coloro che vi hanno contribuito, annotazioni sui concetti scientifici, foto di famiglia e rappresentazioni grafiche dovute alla mano di Ted Bafaloukos, che non sono state utilizzate nel film.

Fedeli all'idea fondamentale di un film che fosse un viaggio nel lavoro di straordinaria importanza di Stephen Hawking e nella vita che a quel lavoro ha dato forma, gli autori della pellicola ritengono che anche questo libro sia un buon documentario. È il frutto del lavoro di un numero di persone superiore a quelle che hanno creato il film. A Linda Grey, presidente della Bantam Books, e ad Ann Harris, direttore editoriale della stessa casa editrice, va un ringraziamento speciale per la loro pazienza, diligenza e competenza. Un apprezzamento va a Gene Stone, che ha preparato il testo, e a Michael Mendelsohn, che ha progettato il libro, per l'attenta professionalità con cui hanno lavorato. Al Zuckerman, l'agente letterario che si è occupato del libro, ne è stato un fedele alfiere. Le ventisette persone che Errol Morris ha intervistato meritano un ringraziamento particolare non solo per il tempo che hanno offerto, ma anche per la schiettezza e la chiarezza dei loro contributi, quali compaiono nel documentario e su queste pagine. Inestimabile è stato l'aiuto di Sidney Coleman, il consulente scientifico del film. Un ringraziamento particolare va ai collaboratori di Stephen Hawking: Sue Masey, Andrew Dunn, Stuart Jamieson e Jonathan Brenchley.

Un debito particolare nei confronti di Stephen Hawking è infine quello di Errol Morris, Colin Ewing, produttore esecutivo per l'Anglia Television, David Hickman dell'Anglia Television, produttore del film, e mio. Siamo grati per l'occasione che ci è stata data di interpretare in un film il suo lavoro e per lo spirito, il calore e l'entusiasmo con cui ha partecipato a questa doppia e comune impresa del film e del libro.

GORDON FREEDMAN
Produttore esecutivo
di *A Brief History of Time*

GLOSSARIO

Antiparticella Ogni tipo di particella elementare ha un'antiparticella dello stesso tipo. Quando una particella urta la sua antiparticella, esse si annichilano lasciando solo energia.

Atomo Il mattone di base con cui è fatta la materia comune. Gli atomi sono composti da un nucleo di protoni e neutroni intorno al quale orbitano gli elettroni.

Big bang La singolarità all'inizio dell'universo, quando tutto l'universo era concentrato in un unico punto di densità e temperatura infinite.

Big crunch La singolarità alla fine dell'universo, quando tutto l'universo collassa in un singolo punto di densità e temperatura infinite.

Buco nero Una regione dello spazio-tempo con una gravità così forte che nulla può evaderne. Anche la luce viaggia troppo lentamente per poterne uscire, cosicché questa regione non emette alcuna radiazione e appare nera. Ciononostante il principio di indeterminazione della meccanica quantistica concede che particelle e radiazioni evadano da un buco nero.

Buco nero primordiale Un buco nero formatosi poco dopo il big bang.

Cosmologia Lo studio dell'universo nella sua totalità.

Elettrone Particella elementare che normalmente orbita intorno al nucleo di un atomo. Appartiene a una famiglia di particelle di materia con piccola massa che chiamiamo leptoni («leggeri») e ha una carica elettrica di —1.

Entropia Una misura del disordine di un sistema, che per il secondo principio della termodinamica deve aumentare costantemente.

Fotone Particella elementare o quanto di luce.

Frequenza Per un fotone, il ritmo al quale cambia il campo elettromagnetico associato al fotone. Più alta è la frequenza, più alta è l'energia del fotone.

Funzione d'onda Una distribuzione che descrive la probabilità di trovare una particella in punti diversi.

Funzione d'onda dell'universo Una distribuzione che descrive la probabilità di trovare forme diverse per l'universo in un momento dato.

Gravità quantistica Una teoria che riunisce la meccanica quantistica e la relatività generale.

Inflazione Un periodo di espansione in accelerazione che si pensa ci sia stato agli albori dell'universo.

Meccanica classica Un sistema di leggi in cui ogni oggetto ha una posizione e una velocità definite. A essa è succeduta ora la meccanica quantistica, per cui gli oggetti non hanno posizioni e velocità definite.

Meccanica quantistica Un sistema di teorie per cui le particelle non hanno posizioni e velocità esattamente definite ma si comportano per molti aspetti come onde. Analogamente le onde come la luce si comportano per molti aspetti come particelle.

Microonda Radiazione con una lunghezza d'onda di circa 1 cm.

Orizzonte degli eventi Il confine di un buco nero. Attraversato questo confine, è impossibile sfuggire dal buco nero.

Nana bianca Una stella che ha raggiunto uno stato stabile nel senso che la sua massa non è abbastanza alta perché la gravità aumenti al punto da costringerla a collassare in se stessa.

Neutrone Una particella non elementare senza carica elettrica che si trova normalmente nel nucleo di un atomo. È composta di particelle elementari chiamate quark.

Particelle elementari Particelle che non hanno una struttura interna. Rientrano nelle categorie di particelle di materia o particelle portatrici di forza. Ogni tipo di particella ha un corrispondente tipo di antiparticella.

Particella virtuale Il principio di indeterminazione della meccanica quantistica ammette che nell'universo un quantitativo di energia fluttui per brevi periodi di tempo intorno a un totale fissato. Più è ampia la fluttuazione, più è breve la sua durata. Le particelle create da queste fluttuazioni di energia vengono chiamate particelle virtuali e si annichilano quando l'energia deve essere restituita.

Principio di indeterminazione Il principio che afferma che non si può mai essere esattamente certi contemporaneamente di posizione e velocità di una particella: più esattamente si conosce l'una, meno esattamente si conosce l'altra.

Proposta dell'assenza di confini La proposta secondo cui lo spazio e il tempo immaginario insieme formano una superficie che è finita per estensione ma non ha né limiti né margini. Lo spazio-tempo somiglierebbe alla superficie della terra, ma con due dimensioni in più.

Protone Una particella non elementare che normalmente si trova nel nucleo dell'atomo. Ha una carica elettrica di +1 ed è composta di particelle elementari chiamate quark.

Pulsar Una stella rotante di neutroni che emette pulsazioni di radioonde in conseguenza dell'interazione del suo campo magnetico con il campo magnetico che la circonda.

Quasar Oggetto simile a una stella che si crede consista di un enorme buco nero rotante nel quale stiano cadendo grandi quantitativi di materia. La materia si surriscalda ed emette molta energia prima di ricadere all'interno del buco nero. I quasar sono lontanissimi, ma possono essere osservati grazie alla loro straordinaria potenza.

Radiazione di fondo a microonde Una radiazione nella regione delle microonde dello spettro elettromagnetico che si propaga uniformemente nell'universo in tutte le direzioni. Questa radiazione di fondo è un residuo dell'enorme calore prodotto dal big bang ed è pertanto considerata come una conferma della teoria.

Radiazione di Hawking Le particelle elementari e le radiazioni emesse dagli orizzonti degli eventi dei buchi neri. Più è piccolo il buco nero, più è grande la quantità di radiazione di Hawking e più velocemente il buco nero si rimpicciolisce, fino alla potente esplosione nella quale esso finalmente evapora e scompare.

Radioonde Onde nel campo elettromagnetico simili alle onde della luce visibile, ma di lunghezza d'onda molto maggiore, nell'ordine di metri invece che di centimetri.

Radiotelescopio Un telescopio che dà mappe delle posizioni in cielo di sorgenti di radioonde, come i quasar e le galassie radioemittenti.

Raggio cosmico Una particella di materia ad alta energia, proveniente dallo spazio, che viaggia a una velocità prossima a quella della luce.

Raggio gamma Un fotone di energia particolarmente alta che potrebbe essere emesso da una reazione nucleare o da un buco «primordiale» di piccola massa formatosi nelle prime fasi dell'universo. Un raggio gamma tipico ha una lunghezza d'onda di circa 0,0000000001 m.

Relatività generale La seconda teoria della relatività di Einstein (1916), che afferma che la gravità deriva da distorsioni nella geometria spazio-tempo (la geometria, cioè, che considera le distanze non solo fra punti nello spazio, ma fra punti nello spazio e tempo) e che stabilisce che i campi gravitazionali influenzano le misurazioni di tempo e distanza.

Relatività ristretta È la prima teoria della relatività di Einstein (1905), e dice che la luce si propaga sempre a una velocità costante e che la velocità della luce è una costante assoluta, dovunque essa si propaghi. Questa teoria unifica lo spazio e il tempo in uno spazio-tempo piatto e quadridimensionale, ma non descrive gli effetti della gravità.

Secondo principio della termodinamica È il principio che afferma che la quantità di disordine, ovvero entropia, presente nell'universo aumenta con il tempo. È diverso da altre leggi nel senso che non è sempre vero, ma solo quasi sempre, e dipende dalla premessa che l'universo abbia avuto inizio in uno stato di ordine.

Singolarità Un punto di curvatura infinita dello spazio-tempo in cui lo spazio-tempo giunge alla sua fine. La teoria generale classica della relatività predice il verificarsi di singolarità, ma non può descrivere che cosa avviene in una singolarità perché in quel punto la teoria stessa viene meno.

Spazio-tempo La descrizione quadridimensionale dell'universo derivata dalla relatività in cui vengono riunite le tre dimensioni spaziali e la singola dimensione temporale. Lo spazio-tempo incurvato viene usato nella teoria generale della relatività per descrivere la gravità.

Stella di neutroni Una stella diventata così densa che la sua gravità è tanto forte da provocare la fusione in neutroni della maggior parte degli elettroni e protoni all'interno degli atomi.

Telescopio ottico Un telescopio che usa luce visibile agli esseri umani per formare immagini delle stelle e delle galassie.

Tempo immaginario L'idea secondo la quale la variabile tempo nelle equazioni viene trattata come un numero immaginario, un numero cioè che sia multiplo della radice quadrata di —1.

Teoria dello stato stazionario Una teoria di cosmologia ora largamente abbandonata secondo cui nell'espandersi dello spazio fra le galassie esistenti si formerebbe materia nuova.

Termodinamica La branca della fisica che si occupa del calore e di altre forme di energia.

INDICE

Analogia della roulette 190
Antiparticelle 124-126
Assenza di confini. Vedi Hartle-Hawking, proposta dell'assenza di confini
Astronomia 83

Bardeen, Jim 122
Bekenstein, Jakob 118-119 122
Berman, Robert 50 52-53 213
Berry, Gordon 48 49 53-54 55-57 213
Big bang 83-84 91-94 101-102 163. Vedi anche Origine dell'universo
Big crunch 163 203
Bohr, Niels 88 176-177
Bondi, Hermann 80 93 95
Bryan, Richard 49 50-51
Buchi neri 86-87 90-91
  burst di raggi gamma 130
  cadere nei 108-115 134
  e entropia 116-119
  e evaporazione 133-134
  e meccanica quantistica 117-131
  origine del termine (nome) 106-108
  primordiali 127-130
  radiazione dai. Vedi radiazione di Hawking
  rotazione dei 131-133
  temperatura nei 132

Carattere partecipatorio dell'universo 175-177
Carlo, principe di Galles 204
Carr, Bernard 103 183 184-185 202 213
Carter, Brandon 106-108 115 122 213
Causalità 157
CERN (Organizzazione europea per la ricerca nucleare) 157
Chiesa cattolica romana 147 150
Church, Michael 32-33 35-36
Collasso stellare 120-122
Convegno sulla cosmologia in Vaticano 149-150
Cosmologia
  big bang 80-81
  come scenario 78-80
  come scienza osservativa 91-94
  e Chiesa cattolica 147
  scelta di Hawking come settore di studio 77
  stato stazionario 80-82
Cosmologia quantistica. Vedi Funzione d'onda nell'universo
Creazione dell'universo, teoria della 155-172
Curva spazio-tempo 105
Cygnus X-1 127-131 174-176

Dal big-bang ai buchi neri 7-9
  commenti su 185-194
  film 9
  il padre e 195
  Isobel Hawking e 20
Dio
  creatore dell'universo 166-173
  il punto di vista di Einstein su 126

il punto di vista di Hawking su 166-172 211
Dix, Norman 54 213

Einstein, Albert 77 126 166 176
e la teoria quantistica 176-177
e l'espansione dell'universo 154
Elettroni 115 173-174
Emissioni radio dalle galassie 91-94
Entropia 116-117

Fine dell'universo (il) 173-174
Fisica classica 90-91 152 177-178
Fisica quantistica 91 111 152 175-177
Freccia universale del tempo 195-202
Funzione d'onda dell'universo 150-151

Galileo 147
Gamow, George 154
Giovanni Paolo II (papa) 148-149
Gold, Thomas 80 93 95
Gravità 77-78 91 96 110 111 134
Gravità quantistica 90 91 103 153-156

Hartle, Jim 133 150-151 152 157-159 213
Hartle-Hawking, proposta dell'assenza di confini 150-152 155-172
Hawking, Edward (fratello) 13 20-21 69 213
Hawking, Frank (padre) 13-15 27-33 41-42
Hawking, Isobel (madre) 213
su *Dal big bang ai buchi neri* 195
sui giochi e gli esperimenti 34-35 38 39-40
sulla corrispondenza con 42-43
sull'adolescenza di Hawking 29-30 32 34-35 38 41 42
sulla malattia 59 62-65 66-67 73 136-137
sulla morte del marito 195
sull'infanzia di Hawking 13-14 15-19 22-23 24-25 29-30 32
sul marito 24-25 34-35 41
Hawking, Jane (Wilde) 71-72 139-141
Hawking, Lucy (figlia) 72 185
Hawking, Mary (sorella) 13 24 194 214
sull'infanzia e l'adolescenza di Hawking 18-19 30 31 33 37
sull'inizio della malattia del fratello 65
Hawking, Philippa (sorella) 13 30
Hawking, Robert (figlio) 72
Hawking, Stephen
adolescenza 29-43
Cambridge 72 77
come insegnante 191-192 197-201
commenti:
su Cygnus X-1 136
su Dio 166 172-173 178-179 211
su Oxford 47-48 62
sugli "omini verdi" 98
sui buchi neri 104 115-116 117-118 126 134 136
sui viaggi nello spazio 109
sul big bang 104
sul big crunch 203
sul cadere nei buchi neri 108
sul Convegno in Vaticano sulla cosmologia 149-150
sulla elezione a titolare della stessa cattedra di matematica di Isaac Newton 183-184
sulla fama 183
sulla proposta dell'assenza di confini 150-151
sulla meccanica quantistica 117
sulla sua malattia 70 71-72 136-137
sulla teoria dello stato stazionario 81
sulle analogie 188-190
sull'infanzia e i genitori 14-15
sull'inversione del tempo 202
sul matrimonio 72
sul padre 47
sul sintetizzatore di voce 192-194
sul tempo immaginario 162
sul teorema della singolarità 99-100
difficoltà di movimento 204-205
difficoltà di parola 183-187
fase iniziale della sua malattia 59-73
il progredire della malattia 99 136-143 183-187
incidenti 185-186
infanzia 14-29
malattia e complicazioni 136-137 184 205-208
matrimonio 72-73
morte come fattore motivante 202
morte del padre 194-195
nascita 13-15

Oxford 47-62
Premio del Vaticano medaglia Pio XII 147
qualità intuitive 153 187-190
radiazione di 116-134
stile di ricerca 148 208-209
viaggio in Persia 64-65
Hawking, Timothy (figlio) 72
Hewish, Antony 91-94 96-98 153-154 214
Hoyle, Sir Fred 78-80 82 93-95 214
Humphrey, Janet 16 23 41-42 208 214

Intuizione in fisica 153
Isham, Christopher 192 206-208 214

King, Basil 26-27 36 214

Laflamme, Raymond 197-201 214
Landau, Lev 87-89
Lastra di plexiglas 186-187
"Le condizioni al contorno dell'universo" *The Boundary Conditions of the Universe* 150. Vedi anche Hartle-Hawking, proposta sull'universo senza confini
Leggi della termodinamica 116-117
LGM (omini verdi) 97-98
Lou Gehrig, malattia di 66

Materia
particelle e antiparticelle 124-126
teoria classica 90-91 111
McClenahan John 25-26 28 31 34 37 38-39 40 214
Meccanica quantistica 78 91 103 123 195-196
e i buchi neri 116-126
punto di vista di Einstein 126
teoria delle particelle 126
Minkowski, Hermann 163
Moss, Ian 190-191 204 214
Movimento delle galassie 80. Vedi anche universo in espansione

Nana bianca 86 94-95 97
Newton, Sir Isaac 183

Oppenheimer, Robert 87-90
Organizzazione europea per la ricerca nucleare (CERN) 157
Orizzonte degli eventi 86-87 93 116 119

Page, Don 137-139 142 166 199 203 204 214
Particelle virtuali 126
Penrose Roger 100 107 173-174 215
Penzias Arno 93
Powney, Derek 48-49 57-58 61-69 215
Probabilità in fisica 177-178
Pulsar 83 97 98

"Quarta legge sulla meccanica dei buchi neri" 122
Quasar 83 96

Radio-astronomia 81-86 91-94
Rees, Martin 123
Relatività 79 81-86 103 117
ricerche di Sciama 81-86
teoria speciale 83 86
Ryle, Sir Martin 82 92

Sacharov, Andrej 131
Sandars, Patrick 151 215
Sciama, Dennis 81-85 94-95 215
Sclerosi amiotrofica laterale 66
Sebert, Robert 88
Seconda legge della termodinamica 116-117
Sintetizzatore vocale 192-194
Snyder, Hartland 89-90
Spazio-tempo 78 105 156 163
Spinoza 154
Starobinskij, Aleksandr 133
Stelle di neutroni 87-90 94-98

Taylor, John 110-114 123-124 215
Temperatura nei buchi neri 116-117, 132
tempo 111-114
direzione del 193-195
freccia universale del 195-202
il fattore malattia nell'approccio di Hawking 206-208
immaginario 156-163
Teorema della singolarità 87 99 100-103
di Hawking 101-102
di Penrose 100-103

Teoria delle particelle 124-126
Teoria dello stato stazionario 80-82 93
Test Mensa 60
Thorne, Kip 87-90 99 105-106 131-134 136
139-140 142-143 215

Universo
aperto 163
carattere partecipatorio 175-177
espansione dell' 93-94 105-106 154
inizio 101 114-115 153-172
origine. Vedi Teorie della
creazione; Origine dell'universo

Volkoff, George 89

Wheeler, John 106-108 118 131 154 174-177
210 215
Whitt, Brian 185-186 187 191
Wilson Robert 93

Zel'dovič Jakov 117 131-134

Finito di stampare nel mese di agosto 1992
presso lo stabilimento Allestimenti Grafici Sud
Via Cancelliera 46, Ariccia RM

Printed in Italy